대한민국 으뜸 농사기술서

벼

대한민국 으뜸 농사기술서

벼

농민신문사

책을 내며

쌀은 우리 국민의 주 에너지 공급원이며 농가의 중요 소득원이다. 총 경지면적 중 쌀 생산면적이 절반 이상을 차지하며, 벼 재배는 국토환경을 보전하는 공익적 기능과 더불어 여름철 고온을 막아주고 대기를 정화하는 등 기후온난화 방지에도 크게 기여하고 있다. 하지만 최근 WTO와 FTA 체제에 의한 쌀관세화, 소비감소에 의한 쌀값 하락, 농업 인구 감소와 고령화에 의한 노동력의 질적 저하 및 생산비 증가로 생산 효율 및 국내외 경쟁력이 크게 떨어지고 있다. 그러나 쌀은 밀과 함께 세계 2대 작물이며 국내에서는 여전히 가장 중요한 식량작물이다. 중장 기적으로 세계인구 증가와 기후변화 및 농경지 감소로 쌀, 밀, 옥수수, 감자 등 주요 식량작물의 생산은 앞으로도 인류의 생명을 유지하는 데 중요한 생명산업으로서 크게 기여할 것이다.

우리나라에서 쌀을 생산하는 벼농사기술은 과거 씨뿌림(직파)재배에서 손모내기(이앙)를 거쳐 기계화재배로 변천되어 왔다. 최근에는 농업인구 감소와 고령화, 쌀시장 개방, 쌀소비 감소, 주변 산업의 발전으로 생산비 절감과 친환경 고품질 쌀 생산에 대한 요구가 증대되고 있어 이에 대한 기술개발과 보급이 동시에 이루어져야 할 것이다. 지금까지 농업기술에 관한 책은 어려운 용어가 주를 이루어 관심을 가지고 농업을 가까이 하고 싶은 사람들까지도 쉽게 다가가지 못하였다. 따라서 이 책에서는 벼에 대한 기초 지식 전달과 최근 국내 농가에 보급되고 있는 벼농사 기술을 준비 단계부터 수확 및 유통까지 실용적인 내용을 중심으로 누구든지 알기 쉽고 따라할 수 있도록 그림과 사진을 중심으로 설명하였다. 자연과학과 응용과학인 농업분야의 전문적인 용어도 가능하면 쉽게 표현하여 처음 보는 독자들도 가까이 할 수 있도록 애써 보았다. 하지만 어려운 전문용어와 그림을 쉽게 쓰고 나타내는 데는 책 쓴 이의 지식과 소질에 한계가 있어 내용을 충분히 제대로 표현하지 못한 점에 대해서는 매우 송구스럽게 생각한다.

여러 차례 원고를 수정하여 책 한 권을 완성하는 일은 참으로 어렵고 힘든 작업이다. 이 자리를 빌려 이 책의 기획과 출판에 성원을 아끼지 않은 농민신문사에 감사의 말을 전하며 편집에 많은 수고를 해 준 안수경 연구원에게 깊은 감사를 드린다. 그러나 책 쓴 이의 능력 한계와 시간적 제약으로 이 책에 싣지 못한 훌륭한 내용도 아직 남아 있을 것으로 여겨진다. 독자 여러분의 너그러운 이해를 바란다.

아무쪼록 이 책이 우리나라 주요 식량인 쌀을 생산하는 하나의 벼농사 지침서가 되어 처음 보는 독자와 현장 농업인에게 다소나마 도움이 되었으면 한다.

2016년 9월

c o n t e n t s

c o n t e n t s

제1장

쌀의 유통과
벼농사 경영

〈 우리나라 쌀산업 현황 〉

(농림축산식품부, 2016)

구 분	2009년	2014년	비고
벼 재배면적(천ha)	924	816	12%↓
쌀 생산량(천톤)	4,916	4,241	14%↓
1인당 쌀소비량(kg/년)	74	65.1	12%↓
벼 재배농가(천호)	827	676	18%↓
쌀 소득(천원/10a)	549	615	12%↑
쌀 경영비(천원/10a)	395	443	12%↑

1. 우리나라 쌀산업의 현황

우리나라 쌀산업은 최근 재배면적, 소비량 및 생산농가의 감소 추세이다. 쌀 소득은 12% 증가하였으나 경영비의 증가로 농가소득은 올라가지 않았다. 또한 2005년 이중곡가제와 쌀 수매제 폐지로 유통정책의 변화가 있었으며 직불(직접 및 변동)제도, 들녘경영체, 공공비축제, 양곡표시제 강화, RPC(미곡종합처리장) 규모화 등의 정책변화가 있었다. 그러나 우리나라 쌀산업의 위치는 아래와 같이 중요한 역할을 하고 있다.

- 영양적 가치-국민의 에너지 주 공급원이다.
- 경제적 가치-농촌 농가경제의 주 소득원이다.
- 환경적 가치-온도 유지, 대기 정화
  - 총 경지면적 중 쌀 생산면적: 53%
  - 총 농가 중 쌀 농가: 59%
  - 식량작물 생산량 중 쌀의 비중: 89%

〈 벼의 수확, 운반, 도정, 포장 및 유통판매 과정 〉

2. 쌀의 유통

우리나라 연간 벼 생산량은 563만톤(2014)으로 2005년 정부수매제도가 없어져 주로 농협(RPC), 민간, 직거래(SNS 등), 수출 등으로 가공되어 소비되고 있다. 특히 RPC(미곡종합처리장)를 중심으로 하는 유통구조의 단순화로 유통비용 절감을 추진하고 있고, 2015년 기준 전국 224개 RPC가 시중 쌀 유통량의 약 64%를 맡고 있으며 벼 건조저장시설(DSC)은 약 1,363개소가 운영되고 있다. 따라서 우리나라 쌀은 생산자(농가)에서 생산자 단체 또는 농협양곡유통(또는 도매상)을 거쳐 소비자 경로를 통하거나 직거래(SNS 등)를 통하여 유통, 판매되고 있다. 2014년 우리나라 벼 생산량과 유통량, 건조, 저장, 가공 현황은 아래와 같다.

(단위: 벼 천톤, %) (농림축산식품부, 2015)

2014 생산량(A)	유통량(B)	시설능력(C)			비율(C/B)		
		건조	저장	가공(정곡)	건조	저장	가공(정곡)
5,638	4,059	3,699	1,853	2,943	91.1	45.7	72.6

〈 10a당 쌀 생산비 비목별 비율 〉

(원/10a) (주요곡물조사료자급률제고사업단, 2015)

구분			비용	생산비 대비 비율(%)	경영비 대비 비율(%)	비고
생산비 합계			719,889	100		
경영비			428,250	59.5	100	
자본 관련 비용	농자재 관련비용	종묘비	15,961	2.2	3.7	
		비료비	45,641	6.3	10.7	전 계층
		농약비	25,303	3.5	5.9	
		기타재료비	14,877	2.1	3.5	
		소계	101,781	14.1	23.8	
	농기계 관련비용	수도광열비	6,978	1	1.6	
		농구비	51,125	7.1	11.9	대농층
		위탁영농비	110,373	15.3	25.8	영세소농층
		소계	168,476	23.4	39.3	
	기타자본 관련비용	기타비용	5,733	0.8	1.3	
		영농시설비	1,050	0.1	0.2	
		자동차비	2,153	0.3	0.5	
		생산관리비	239	0	0.1	
		소계	9,174	1.3	2.1	
	자본용역비		20,691	2.9		
	합계		300,122	41.7	65.2	
노동 관련 비용	노동비		171,916	23.9		
	−자가		160.476	22.3		
	−고용		11,440	1.6	2.7	대농층
토지 관련 비용	토지용역비		247,852	34.4		
	−자가		110,472	15.3		
	−임차		137,380	19.1	32.1	대농층

※ 2012~2014년 평균값

3. 벼농사 경영

우리나라 농업총수입 중 쌀(미곡)은 19.8%(2014, 농업총수입 32,179천원/농가)를 차지하고 있다. 2005년 이후 10년간 쌀 총수입은 18.9% 증가하였으나 경영비가 22.6% 증가하여 소득은 16.4% 증가에 그치고 있다. 지난 3년간 (2012~2014) 비목별 평균 쌀생산비는 토지용역비가 34.4%로 가장 높고 다음이 노동비 23.9%(자가 22.3%, 고용 1.6%), 농기계관련비용(농구비 7.1%, 위탁영농비 15.3%, 수도광열비 1.0%)이 23.4%, 농자재관련비용(비료비 6.3%, 농약비 3.5%, 종묘비 2.2%, 기타재료비 2.1%)순으로 차지하고 있다.

〈 벼 재배규모별 10a당 주요 비목별 비율 〉

(주요곡물조사료자급률제고사업단, 2015)

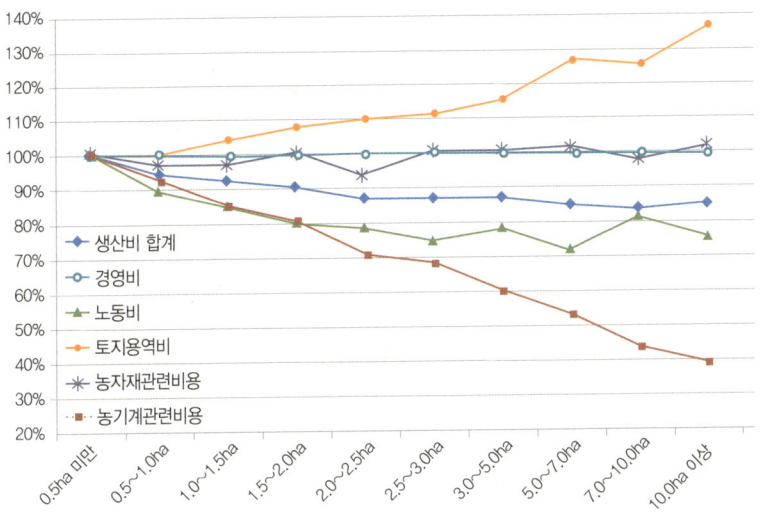

※ 0.5 ha미만 농가기준(100), 2012~2014 평균

　벼농사 규모별 평균 쌀 생산비(2012~2014, 3년)는 0.5ha미만의 소규모
농을 100%로 기준하여 1.5~2.0ha, 3.0~5.0ha, 10ha이상으로 확대될수록
농기계관련비용이 가장 절감되는 것으로 나타났으며 다음이 노동비였다.
농자재 비용과 경영비는 크게 변동이 없었으나 토지용역비는 크게 증가하였
다. 따라서 우리나라 쌀 생산비는 농경지 및 농자재관련비용>노동비>농
자재 순으로 비용을 중점적으로 줄일 수 있는 벼 재배(쌀생산)기술이 중요
하며 이를 위한 씨뿌림(직파)재배기술의 안정화, 다양화, 지속가능성, 친환
경적 재배의 정착이 중요할 것으로 보고 있다.

〈 벼 재배규모별 10a당 주요 비목별 비율 〉

(주요곡물조사료자급률제고사업단, 2015)

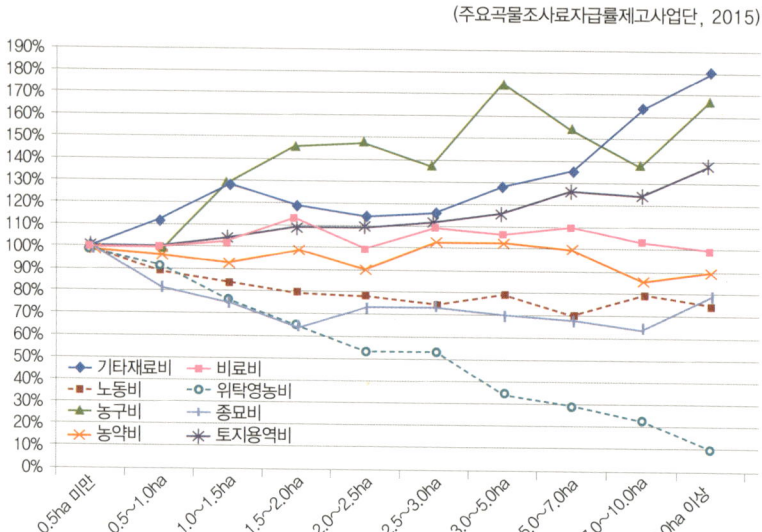

※ 0.5 ha미만 농가기준(100), 2012~2014 평균

　　2012년부터 2014년까지 3년간 평균 국내 쌀 생산농가들의 10a당 주요 비목을 보면 0.5ha미만의 소규모농을 100%로 기준하여 대규모농가로 갈수록 논갈이 및 써레작업, 못자리(육묘), 모내기(기계이앙), 농약살포작업, 수확 및 운반작업 등 주요 농작업을 대행해주는 데 들어가는 비용인 위탁영농비를 더 크게 줄일 수 있었다. 노동비와 종묘비는 다소 적게 들어가지만 기타 재료비와 농구비(농기계 등)는 더 많이 들어가는 것으로 나타났다.

〈 벼 재배방법별 벼(정조) 수량성 비교 〉

재배방법	년도	벼알수 (개/㎡)	등숙 비율 (%)	벼(정조) 천립중(g)	벼(정조)수량 (kg/10a)	수량 지수
모내기 (기계이앙)	2014	39,191	90.2	22.5	790	
	2015	36,523	79	25	678	
	평균	37,857	84.6	23.8	734	100
물뺀논점뿌림 (무논점파, 철분코팅 볍씨이용)	2014	38,896	89.1	22.8	788	
	2015	31,956	87.5	25.9	705	
	평균	35,426	88.3	24.4	747	102

〈 벼 재배방법별 쌀수량성 비교 〉

(농촌진흥청, 2008)

구 분	10년 평균 (1998~2007)				4년 평균 (2004~2007)	
	기계 모내기	마른논 씨뿌림	물뺀논 골뿌림	물뺀논 흩어뿌림	기계 모내기	물뺀논 골뿌림
쌀수량(kg/10a)	550	509	511	519	510	516
지 수	100	92.5	92.9	94.4	100	101

 벼 모내기(기계이앙)재배와 물뺀논점뿌림(무논점파)재배 방법의 벼 수확량은 동일한 수준으로 나타났다. 2014~2015 농가실증시험에서 평균 벼알수는 모내기에서 많았으나 등숙비율, 벼알 무게에서 물뺀논점뿌림재배에서 높아 전체적인 수확량은 비슷하게 나타났다. 10년간(1998~2007)의 평균 수확량은 기계모내기에 비하여 씨뿌림(직파)재배에서 5~7% 낮았으나 2004~2007(4년간) 수확량은 기계모내기와 물뺀논골뿌림(무논골뿌림)재배에서 동일한 수준으로 나타났다.

제1장. 쌀의 유통과 벼농사 경영 • 17

〈 벼 재배 방법별 소요 노동력 비교 〉

(단위 시간/10a) (한국농업경영포럼, 2015)

작업 단계별	기계 모내기	물뺀논 점뿌림	물뺀논 흩어뿌림	마른논 점뿌림
본논 준비~모내기	14.5	4.2	3.3	3.7
생육 중후기	16.3	14.1	14.1	14.1
계	30.8 (100)	18.3 (59.4)	17.4 (56.5)	17.8 (57.8)

〈 벼 재배 방법별 소요 노력시간 비교 〉

(농촌진흥청, 2011)

구 분	중묘 모내기	물뺀논 골뿌림	물뺀논 흩어뿌림	마른논 줄뿌림
노력시간 (시간/10a)	30.7	23.6	23.3	21.9
지 수	100	76.9	75.9	71.3

벼 재배 방법별 소요 노동력은 기계모내기에 비하여 씨뿌림재배에서 23.1~43.5% 절감되는 것으로 알려지고 있다. 씨뿌림재배는 모내기방법에 비하여 못자리(육묘 기간), 모내기 과정에서 노동력 시간이 크게 줄어드는 것으로 나타났다. 최근 자료에 의하면 씨뿌림재배방법에서도 물뺀논흩어뿌림(담수산파)이 가장 노동력이 적게 드는 것으로 나타났다.

〈 기계모내기와 씨뿌림재배의 논벼 생산비 비교 〉

(원/10a) (한국농업경영포럼, 2015)

항목	기계 모내기		물뺀논 점뿌림	물뺀논 흩어뿌림	마른논 점뿌림
	전국 평균 (2013년)	2015년			
직접생산비 (노력비, 위탁영농비, 비료 농약비,종묘비, 농구비 등)	446,988	487,552	381,854	360,879	380,304
간접생산비 (토지, 자본 용역비)	278,679	261,282	256,355	256,355	256,355
합계	725,667 (96.9)	748,834 (100)	638,209 (85.2)	617,234 (82.4)	636,659 (85.0)

　　벼 재배유형별 논벼 생산비는 2015년도 기계모내기 재배에 비하여 씨뿌림(직파)재배에서 14.8~17.6% 낮게 나타났다. 씨뿌림재배 중에서는 물뺀논흩어뿌림재배가 가장 낮았고, 물뺀논점뿌림과 마른논점뿌림(건답점파)재배는 비슷하였다. 쌀을 생산하는 일반적인 비용은 전체적으로 보면 씨뿌림재배방법이 모내기방법에 비하여 적게 드는 것으로 나타났다. 직접생산비는 노력비, 위탁영농비, 농구비(농기계 등), 비료비, 농약비 등의 순으로 많이 소요되었다. 간접생산비는 토지용역비와 자본용역비로 전체 쌀 생산비의 34.8%를 차지하였다.

제2장

벼의 형태

〈 벼의 형태 〉

1. 벼의 모습

벼는 풀식물(초본류)로서 볏과(화본과)에 속한다. 벼는 위로부터 이삭, 잎과 줄기, 그리고 뿌리로 구성되어 있는데, 우리나라에서 재배되는 벼는 뿌리가 발생하는 줄기 아랫부분부터 이삭 끝까지의 길이가 대부분 80~110㎝ 정도이다. 이삭은 이삭마디부터 윗부분을 말하며, 볍씨가 달리는 부위이다. 이삭마디 아래부터 뿌리가 발생하는 부분까지는 잎과 줄기로 구성되어 있다. 잎집이 줄기를 감싸고 있으며, 잎몸이 퍼져있는 형태를 띤다. 벼가 모두 자랐을 때 줄기는 이삭 아랫부분 몇 ㎝를 제외한 대부분이 잎집에 싸여 있는데, 잎집을 제거하고 보면 마디와 마디사이로 구성되어 있다. 잎은 광합성을 하는 기관으로서 빛과 이산화탄소를 흡수하여 탄수화물을 합성하는 기능을 한다. 줄기는 뿌리에서 흡수한 물과 양분 및 잎에서 합성한 탄수화물이 볍씨로 이동하는 통로가 된다. 뿌리는 줄기의 아랫부분에서 자라나는데, 수염뿌리(관근) 형태로서 식물체를 지탱하며 물과 양분을 흡수하는 역할을 한다.

〈 볍씨의 구조, 자포니카형과 인디카형 벼의 볍씨 〉

현미

큰 껍질
(외영)

작은 껍질
(내영)

벼알축
(소수축)

껍질받침
(호영)

껍질받침
(호영)

벼알가지
(부호영)

자포니카형

인디카형

(Hoshikawa, 1989)

2. 볍씨

볍씨(벼알)는 벼꽃이 개화 및 수정을 거쳐 발달한 기관으로, 왕겨가 현미를 감싸고 있고, 거기에 부속기관이 붙어 있다. 볍씨의 모양은 벼의 종류와 품종에 따라 다른데, 우리나라에서 많이 재배되는 자포니카형 벼는 길이 6~7㎜, 두께 2~3㎜, 너비 3~4㎜ 정도의 크기로서, 동남아 등지에서 재배되는 인디카형 벼보다 길이가 짧고 둥글다. 현미를 싸고 있는 껍질은 큰 껍질과 작은 껍질로 이루어져 있다. 두 개의 껍질이 서로 만나는 부분은 큰 껍질이 바깥쪽에, 작은 껍질이 안쪽에 위치한다. 껍질의 맨 아랫부분은 벼알축(소수축)에 붙어 있고, 그 바로 아래에는 한 쌍의 껍질받침이 있으며, 가장 아랫부분에 벼알가지가 있다.

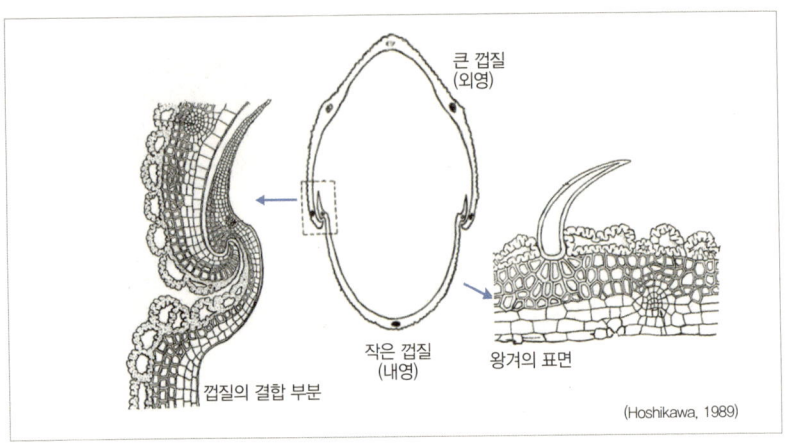

〈 왕겨의 형태와 구조 〉

큰 껍질
(외영)

작은 껍질
(내영)

왕겨의 표면

껍질의 결합 부분

(Hoshikawa, 1989)

왕겨

　왕겨는 볍씨의 구조에서 현미를 제외한 나머지 부분을 가리키는데, 큰 껍질과 작은 껍질이 주된 부분이다. 큰 껍질과 작은 껍질이 서로 만나는 부분은 갈고리 모양으로 쉽게 열리지 않는다. 갈고리 부분을 자세히 보면, 큰 껍질의 가장자리가 작은 껍질의 바깥부분에서 깊이 파고 들어가 그 끝이 안쪽으로 구부러져 있으며, 작은 껍질은 안쪽에서 큰 껍질 쪽으로 돌출되어 있고 끝 부분이 큰 껍질의 안쪽과 밀착되어 서로 강하게 붙어있다. 이 갈고리는 벼꽃이 필 때 열렸다가 꽃이 질 때 닫히고 나면 다시 열리지 않는다. 그러나 벼가 잘 익어 현미가 지나치게 커지면 안에서부터 압력을 받아 갈고리가 떨어지고 틈으로 현미가 노출되기도 한다. 껍질의 바깥쪽 표면에는 규산이 축적되어 두껍게 굳어있어 현미를 보호하는 기능을 한다. 또한 큰 껍질의 윗부분이 긴 수염모양으로 자라나기도 하는데, 이를 까락이라 한다. 본래 벼는 까락이 있었으나, 현재 우리나라에서 재배되는 많은 품종에서는 까락이 퇴화되어 매우 짧거나 거의 보이지 않는다.

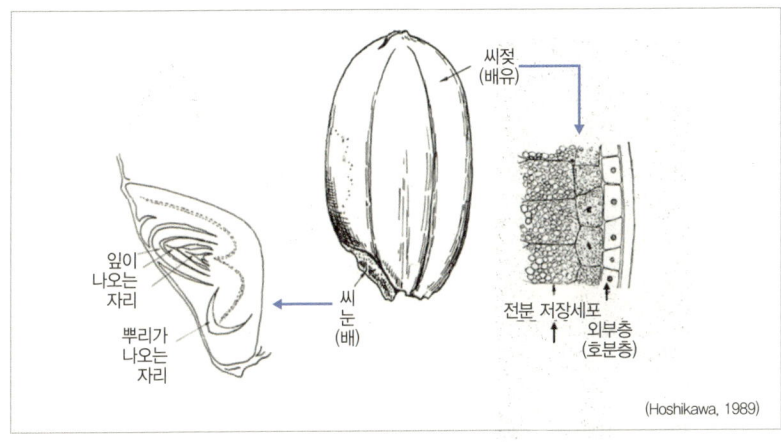

(Hoshikawa, 1989)

2 현미

우리나라에서 재배되는 벼의 현미는 대개 길이가 5~6㎜, 너비와 두께가 2.8~3.2㎜ 정도이다. 우리가 일반적으로 먹는 밥의 현미는 반투명한 옅은 황색을 띠나, 벼 품종에 따라 현미의 외부 색깔이 검은색을 띠는 흑미, 붉은 색을 띠는 적미, 불투명한 찰벼 품종도 있다. 현미는 벼의 열매로서, 씨눈과 씨젖으로 구성되어 있다. 씨눈은 싹이 터서 식물체로 발달하는 부분이고, 씨젖은 씨눈이 싹트고 자라는데 양분이 되는 부분이다. 씨눈은 현미가 작은 이삭축에 연결되는 아랫부분에 있다. 씨눈은 길이가 2㎜ 정도로 타원형이며, 표면에 주름이 잡혀있고 가운데 부분만 튀어나와 있다. 씨젖을 세로로 잘라 보면, 위쪽에 초엽(싹틀 때 처음 나오는 잎)과 본잎 3개의 눈이 이미 형성되어 있으며, 아래에는 종자뿌리(싹틀 때 씨에서 나오는 뿌리)가 분화되어 있다. 씨젖은 내부에 전분세포를 저장하고 있으며, 외부 표면에 접하여 외부층(호분층)이 있다. 호분층에는 단백질, 지방, 효소 등이 축적되어 있어, 저장된 전분을 분해하여 씨눈이 싹트고 벼가 얼마동안 자라나는데 양분을 공급한다.

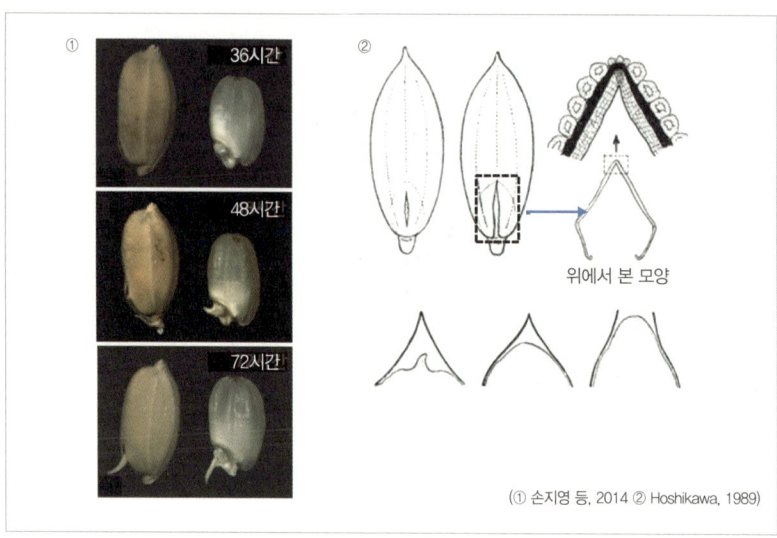

(① 손지영 등, 2014 ② Hoshikawa, 1989)

3 발아

현미가 부풀어 껍질을 뚫고 나오는 것을 발아라고 한다. 볍씨가 발아하기 시작하면 씨눈을 싸고 있는 큰 껍질의 아랫부분이 점점 커지면서 결국 큰 껍질을 뚫고 나온다. 이때가 싹튼 상태이며, 씨눈에 이미 만들어져 있던 초엽과 어린뿌리가 차례로 나오게 된다. 싹트는 부위를 자세히 보면, 왕겨가 길이로 찢어지며 초엽이 나온다. 왕겨의 이 부분은 지붕 모양을 하고 있는데, 안에서부터 씨젖이 커지면서 왕겨의 지붕 모양 부분을 밀어내어 열리는 것으로 알려져 있다. 어린뿌리는 나오는 것이 늦어도 곧 초엽보다 더 길게 자라난다. 볍씨의 씨눈이 위로 향하고 있으면 초엽은 위로 자라고 어린뿌리는 아래로 굽어서 자라며, 씨눈이 아래로 향하고 있으면 뿌리는 그대로 아래로 자라나고 초엽은 위로 구부러져 자란다. 이와 같이 뿌리가 아래를 향해 자라는 성질을 굴지성, 초엽이 위를 향해 자라는 성질을 굴광성이라 한다.

〈 모의 형태 〉

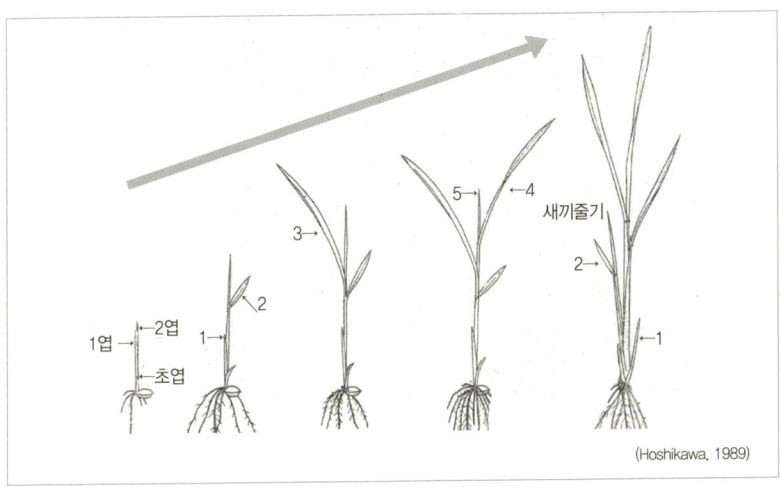

(Hoshikawa, 1989)

4 모

  볍씨의 싹이 튼 후 논에 모내기하기 전까지의 벼를 모 또는 묘라고 한다. 발아 후 모가 자라기 시작하면서 잎이 차례대로 나오고, 줄기의 가장 아랫부분에서도 뿌리가 자라난다. 싹이 틀 때 처음 나오는 잎을 초엽이라 하는데, 이는 정상적인 잎으로 발달하지 못하고 퇴화한다. 초엽에 이어 1엽이 나온다. 1엽은 보통 2~3㎝ 정도의 길이로 자라는데, 줄기를 감싸는 잎집만 보이고 잎몸은 발달하지 않아 잘 보이지 않는다. 보통은 1엽이 완전히 자라기 전에 2엽이 나오기 시작한다. 2엽은 숟가락 모양의 짧은 잎몸이 생겨나는 특징이 있다. 2엽이 완전히 자란 때에 3엽이 나오기 시작하는데, 3엽부터는 잎몸이 길게 자란다. 1엽과 2엽이 자라면서 초엽의 아랫부분에서 줄기뿌리가 나오기 시작하며, 모가 자라면서 뿌리의 수가 많아지고 길게 자라난다. 모내기에 적당한 정도로 자라면 논에 모내기를 하게 된다. 모기르기 방법은 〈제8장. 벼 재배법〉에서 자세하게 설명된다.

〈 잎의 형태와 구조 〉

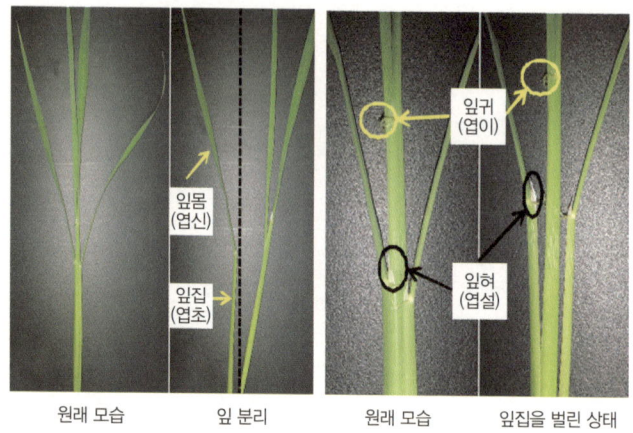

원래 모습 　 잎 분리 　 원래 모습 　 잎집을 벌린 상태

3. 잎

　벼의 잎은 줄기를 감싸고 있는 부분인 잎집과 줄기에 밀착되어 있지 않고 떨어져 있는 잎몸으로 되어 있다. 잎몸(엽신)과 잎집(엽초)이 맞닿는 부분을 깃이라 하며, 깃에 입혀와 잎귀가 붙어 있다. 잎집의 가장 아랫부분은 줄기의 마디에 붙어있고, 그 마디 윗부분의 줄기와 잎집 또는 어린이삭을 싸고 있으며, 잎집의 길이를 따라 서로 약간 겹쳐 있다. 잎몸은 폭이 좁고 길이가 긴 형태이다. 잎몸의 길이 방향으로 뒷면의 가운데 부분에 연녹색으로 굵게 돌출된 부분이 있는데 이를 중앙잎맥 또는 중륵이라 하며, 중앙잎맥의 좌우로 평행하게 가는 잎맥이 형성되어 있다. 볍씨에서 처음 나온 줄기를 원줄기, 주경 또는 주간이라 하는데, 원줄기에서 나오는 잎은 10~20개 정도이다. 마지막에 나오는 잎을 특히 지엽이라 부르는데, 지엽은 아래 잎에 비해 잎몸이 넓고 길이가 짧은 특징이 있다. 잎집은 줄기를 보강하고 어린이삭을 보호하는 역할을 하며, 이삭이 패기 전에 영양분(전분이나 당)을 일시적으로 저장하였다가 볍씨로 보내는 기능도 한다.

〈 잎의 번호, 잎몸의 형태, 안으로 말린 잎 〉

1엽의 끝부분

3엽 이상 잎몸의 끝부분

잎몸의 윗부분

잎의 번호 (아래부터 매긴다)

안으로 말린 잎　(Hoshikawa, 1989)

잎몸

　잎몸(엽신)의 모양은 잎몸이 나오는 위치에 따라 약간씩 다르다. 1엽에서는 잎몸이 자라나지 않아 눈으로 잘 보이지 않지만, 보통의 잎몸 끝 부분과 같은 모양을 하고 있다. 2엽의 잎몸은 다른 잎에 비하여 매우 짧은 모양을 하고 있다. 3엽부터는 잎몸이 잎집보다 길어지고 원줄기를 따라 위로 갈수록 잎몸이 더 길게 자란다. 그러나 맨 위에서 3~5번째 잎부터는 위로 갈수록 잎몸이 다시 짧아진다. 중앙잎맥은 위에 있는 잎일수록 굵고, 하나의 잎몸에서는 잎집과 만나는 아래쪽일수록 굵다. 줄기의 윗부분에서 생기는 잎의 경우 잎몸의 끝에서 몇 ㎝ 아래에 약간 잘록한 부분이 나타난다. 이것은 아래 잎이 단단하게 조이고 있는 잎몸과 잎집의 경계부분을 어린잎이 뚫고 나올 때 생기는 것으로 알려져 있다. 잎몸은 빛과 이산화탄소를 흡수하여 탄수화물을 합성하고(광합성), 뿌리에서 흡수한 물을 식물체 외부로 배출하는(증산) 역할을 하는 주요 기관이다. 물이 부족하면 벼의 잎몸이 안쪽으로 말리는 현상을 보인다. 이것은 벼의 잎몸에 있는 기동세포가 작용하여 잎을 안쪽으로 말아 증산을 줄이는 기능을 하기 때문이며, 물이 충분해지면 잎은 다시 펴진다.

〈 잎집-잎몸의 연결 부위 및 잎집 가로 절단면의 구조 〉

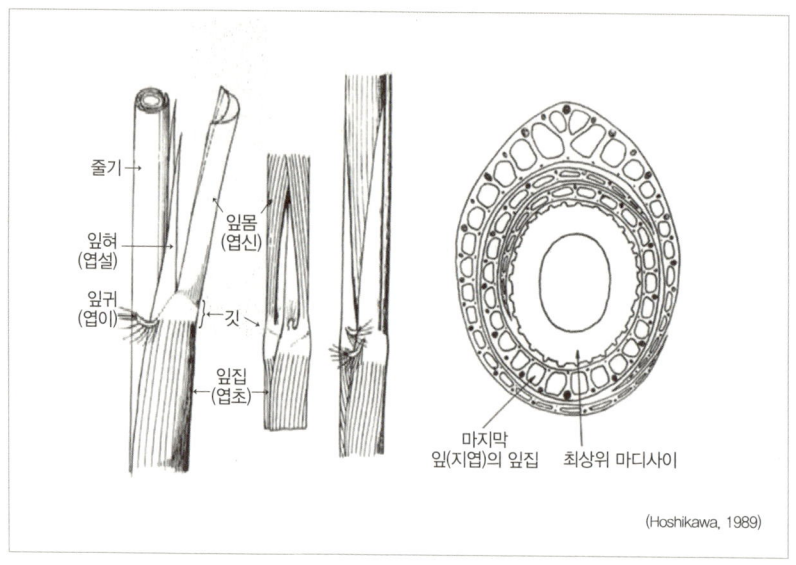

줄기

잎혀
(엽설)

잎귀
(엽이)

잎몸
(엽신)

깃

잎집
(엽초)

마지막
잎(지엽)의 잎집   최상위 마디사이

(Hoshikawa, 1989)

2 잎집

잎집(엽초)은 원통형의 줄기를 외부에서 둘러싸고 있는 부위이다. 벼가 어
릴 때에는 줄기가 길게 자라지 않고 줄기의 마디가 가깝게 붙어있다. 이 때
에는 마디에서부터 자라나는 잎집이 서로 포개져있어 층을 이루면서 자란
다. 벼가 어느 정도 크면 줄기가 길어지면서 가깝게 붙어있던 마디의 간격이
길어지며, 이에 따라 잎집 사이의 간격도 길어진다. 줄기의 길이 생장이 멈추
었을 때에는 2~3개의 잎집이 위·아래로 겹쳐져서 줄기를 감싸게 된다. 나무
같은 식물에서는 잎이 벼의 잎몸과 같은 역할을 하는 반면, 벼의 잎집은 나무
에서 잎의 역할보다는 줄기의 기능을 주로 한다. 잎집의 내부에는 각진 구멍
과 같은 구조가 잘 발달해 있는데 이것을 통기조직이라 하며, 식물체 안에서
공기가 이동하는 통로 역할을 한다.

〈 잎귀와 잎혀의 형태 〉

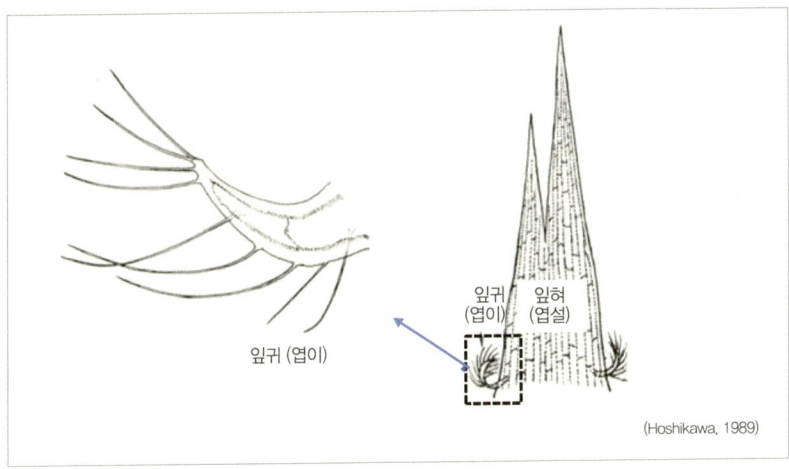

잎귀 (엽이)

잎귀
(엽이)

잎혀
(엽설)

(Hoshikawa, 1989)

3 잎귀와 잎혀

잎의 깃과 잎집이 만나는 부분에 좌우 한 쌍으로 구부러진 작은 낚시 모양을 한 조직이 있는데, 이것을 잎귀(엽이)라고 한다. 잎귀의 표면에는 긴 털이 많이 붙어 있다. 잎귀는 잎몸이 줄기에서 떨어지지 않도록 양팔로 잡아주는 기능을 하는 것으로 알려져 있다. 잎몸과 잎집이 만나는 부분에 줄기 쪽으로 붙어있는 길이 2㎝ 정도의 흰색의 얇은 막이 보이는데, 이를 잎혀(엽설)라고 부른다. 잎혀는 아래 잎에서는 삼각형 모양이고, 위쪽의 잎에서는 끝이 두 개로 갈라져 있다. 잎혀는 줄기를 감싸는 잎집의 윗부분을 줄기에 밀착시키는 역할을 한다. 그래서 물이 줄기를 타고 잎집 속으로 들어가는 것을 방지하고, 잎집 내부의 습도를 조절하는 기능을 한다. 논에서 자라는 대표적인 잡초로 피가 있는데, 피는 어릴 때 벼와 형태가 비슷하여 가려내기가 어렵다. 그런데 피는 잎혀와 잎귀가 없기 때문에, 잎혀와 잎귀의 유무를 기준으로 벼와 피를 구분할 수 있다.

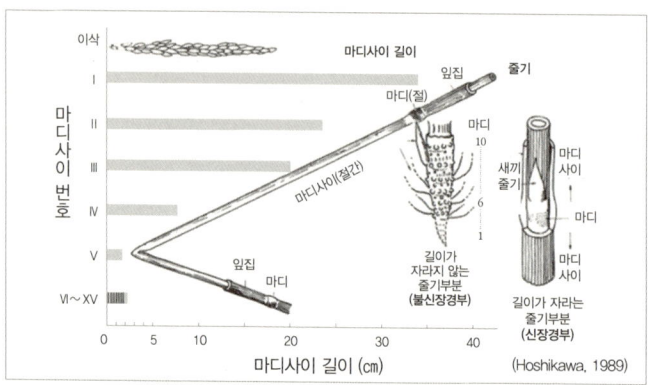

〈 줄기의 형태와 길이 〉

(Hoshikawa, 1989)

4. 줄기

벼의 줄기는 잎집에 싸여 밖으로 보이지 않다가, 벼 이삭이 팬 후 이삭의 바로 아랫부분만 보이게 된다. 이삭팬 이후 잎집을 벗겨내면 줄기를 쉽게 볼 수 있다. 줄기는 벼의 가장 아래부터 이삭마디까지를 이르는데, 돌기 모양으로 두꺼운 마디(절)와 마디사이(절간)로 이루어져 있다. 마디는 잎집의 아랫부분과 만나는 부위가 되며, 아래쪽 마디에서는 뿌리가 자라난다. 마디사이는 위치에 따라 위에서부터 아래쪽으로 가며 Ⅰ, Ⅱ, Ⅲ...... 으로 번호를 붙여 부른다. 그러므로 이삭목마디 바로 아래의 마디사이가 Ⅰ절간이고, 그 바로 아래의 마디사이가 Ⅱ절간이 된다. 일반적으로 줄기의 마디는 14~18개이다. 마디사이는 Ⅰ절간이 30㎝ 내외로 가장 길고 아래로 가면서 짧아지며, Ⅵ절간부터 아래로는 간격이 매우 좁게 겹쳐있다. 위부터 5번째까지 마디사이는 길게 자라는 줄기 부분으로 신장경부라 하며, 6번째부터 아래로 마디사이가 길어지지 않는 줄기 부분을 불신장경부라고 한다. 신장경부는 아랫마디 부분에서 종종 뿌리가 나오는 경우가 있으나 뿌리의 기능은 크지 않고, 주로 잎이 발생한다. 불신장경부는 뿌리가 자라나고 새끼치기가 주로 일어나는 부분이다.

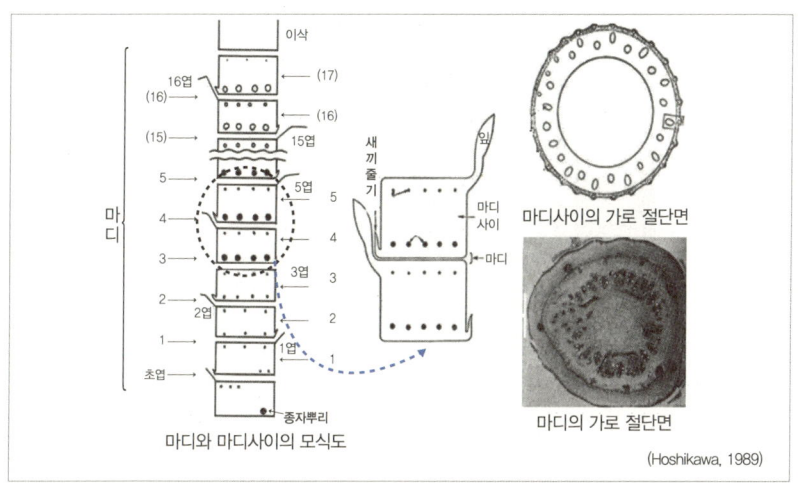

마디와 마디사이의 모식도

마디사이의 가로 절단면

마디의 가로 절단면

(Hoshikawa, 1989)

🔳1 마디와 마디사이

줄기를 가로로 잘라보면 마디사이는 속이 빈 원통형이고, 마디는 막혀있는 원판의 모습을 하고 있다. 마디사이에 속이 빈 부분을 수강이라 한다. 마디사이는 윗부분에 잎이 하나 나고, 아랫부분에 새끼줄기의 눈이 있으며, 위와 아래에 방사상으로 뿌리의 눈이 있다. 잎 1개, 새끼줄기 눈 1개, 뿌리 눈을 포함하는 마디사이를 줄기의 요소라고 한다. 1개의 마디사이는 1개의 요소가 되는 것이다. 그러므로 줄기는 요소들이 쌓여있는 구조이며, 요소와 요소의 연결부위가 마디가 된다. 하나의 마디사이는 한쪽의 윗부분에서 잎이 자라나고, 그 반대편의 아랫부분에 새끼줄기 눈이 있으며, 위·아래에 뿌리 눈이 위치한다. 한 마디사이의 바로 위 마디사이는 아래 마디사이의 반대쪽으로 잎이 자라나고 그 잎의 반대쪽에 새끼줄기 눈이 있다. 맞닿은 잎과 새끼줄기의 위치는 서로 반대쪽이 되는 것이다. 그러므로 결과적으로 벼의 새끼줄기와 잎은 순서대로 반대쪽에서 나오게 된다.

〈 줄기의 길이가 자라지 않는 부분, 자라는 부분의 초기 신장 과정 〉

 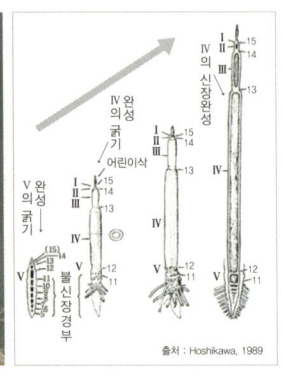

출처 : Hoshikawa, 1989

길이가 자라지 않는
줄기 부분(불신장경부)

줄기 길이가 자라는 초기 과정

(Hoshikawa, 1989)

2 줄기의 길이 생장

　벼 줄기의 길이 생장은 어린이삭이 생겨나는 시기에 시작되는데, 마디사이가 길어지는 시기를 절간신장기라고 한다. 그 전의 기간에는 마디사이가 자라지 않아 마디가 층층이 붙어있는 모양인데, 절간신장기가 되면서 마디사이가 길어지고 그에 따라 벼 키가 커진다. 줄기의 길이 생장은 위에서부터 1~5번째 마디사이의 신장경부에서만 일어나고, 그 아래의 불신장경부에서는 일어나지 않는다. 신장경부에서 줄기의 신장은 5번째 마디사이(Ⅴ절간)에서 시작된다. 이 시기는 일반적으로 이삭패기 25~30일 경이다. 먼저 Ⅴ절간에서 신장이 시작되며, Ⅴ절간의 신장이 멈추면 Ⅳ절간이 급격히 자라고, 이어서 Ⅲ, Ⅱ, Ⅰ절간의 순으로 길이 생장이 시작된다. 절간신장기에 어린이삭도 함께 자라나는데 이삭패기 2~3일 전이 되면 이삭의 전체 길이가 거의 결정된다. 마지막으로 Ⅰ절간이 급속히 자라나서 이삭을 잎집 밖으로 밀어 올리며 이삭이 팬다. 이삭팬 후 줄기는 약간 더 길어지기도 하지만, 대체적으로 이 시기에 줄기의 생장이 종료된다고 볼 수 있다.

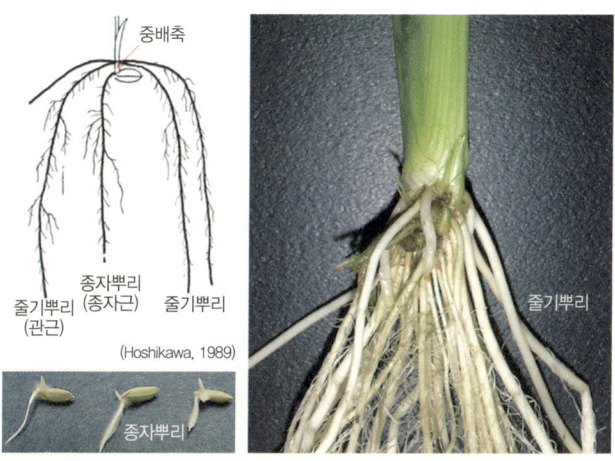

〈 뿌리의 종류, 종자뿌리와 줄기뿌리의 형태 〉

중배축

종자뿌리
(종자근)

줄기뿌리
(관근)

줄기뿌리

(Hoshikawa, 1989)

종자뿌리

줄기뿌리

5. 뿌리

1 뿌리의 종류

벼의 뿌리는 발생하는 위치에 따라 종자뿌리(종자근)와 줄기뿌리(관근)로
구분한다. 종자뿌리는 싹이 틀 때 씨눈에서 나오고, 줄기뿌리는 줄기에서 발
생하는 뿌리를 말한다. 종자뿌리와 줄기뿌리에서 다시 자라나는 뿌리를 분
지근이라 하며, 분지근에서 또 다른 분지근이 발생한다. 분지근은 원래 뿌리
보다 가늘고 짧다. 종자뿌리는 1개가 발생하며 잎이 7개 정도 나올 때까지
물과 양분을 흡수하는 역할을 한다. 줄기뿌리는 벼 줄기의 아랫부분에서 자
라나는 뿌리로 벼가 생장함에 따라 많아지고 길어져 벼 뿌리 전체의 대부분
을 차지하게 된다. 마른논씨뿌림재배(건답직파재배)와 같이 볍씨가 토양 속
에 깊게 파종된 경우, 볍씨와 초엽 사이에 얇은 줄기 모양의 조직이 생기는데
이를 중배축이라 하며, 이 경우 중배축에서 가는 뿌리가 자라나기도 한다.

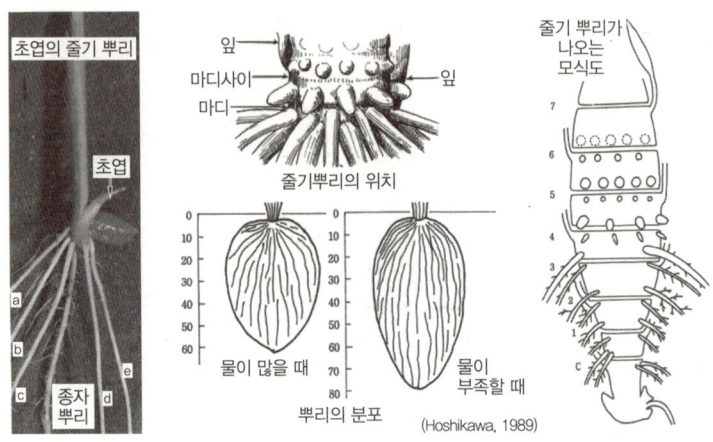

〈 줄기뿌리의 발달형태와 토양 내 분포 〉

초엽의 줄기 뿌리

초엽

a
b
c
종자
뿌리
d
e

잎
마디사이
마디
잎

줄기뿌리의 위치

물이 많을 때
물이 부족할 때
뿌리의 분포

(Hoshikawa, 1989)

줄기 뿌리가
나오는
모식도

2 줄기뿌리의 생장

줄기뿌리는 줄기 편에서 설명한 바와 같이 요소의 상부와 하부에서 발생
한다. 줄기뿌리는 초엽의 하단부에서 처음 나오는데, 초엽절의 하단에서 먼
저 발생하고 상단에서 1~2일 늦게 발생하며 모두 5개 정도가 생긴다. 벼가
자라나면서 마디의 바로 위와 아랫부분(근대)에서 뿌리 눈이 발생하고 자라
나는데, 마디의 위치가 높아짐에 따라 나오는 뿌리가 20개 이상까지 많아지
고 11~12절에서 가장 많이 나온다. 그보다 높은 위치의 마디에서 발생하는
뿌리는 가늘어진다. 줄기뿌리가 자라면서 줄기뿌리의 길이를 따라 분지근이
발생하기 시작한다. 분지근은 가늘고 짧으며 다시 분지가 생기지 않는 종류
와, 그보다 굵고 길며 분지근이 다시 발생하는 종류가 있다. 줄기뿌리는 흙
속으로 자라나 뿌리다발(근계)을 형성한다. 벼의 생육 초기에는 토양 표면
에 가깝게 근계가 형성되고, 생육이 진전됨에 따라 더 깊고 넓게 발달한다.
근계는 물이 많은 조건에서는 넓고 얕게 분포하지만, 물이 충분하지 않으면
좁고 길게 형성된다.

〈 이삭의 형태 〉

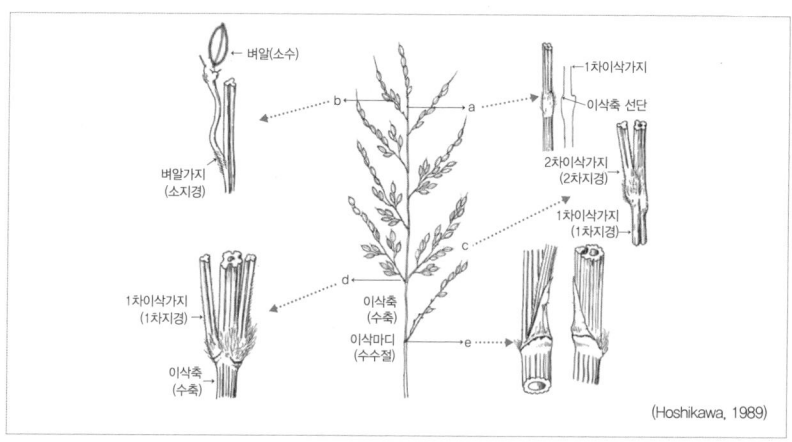

(Hoshikawa, 1989)

6. 이삭

　벼의 이삭은 Ⅰ절간 상부의 이삭마디부터 윗부분을 이른다. 이삭의 중심
부를 따라 이삭축이 있고 이삭축의 길이를 따라 작은 마디가 형성되는데,
여기에서 가지 모양으로 뻗어있는 것이 이삭가지(지경)이다. 이삭축에서 직
접 나온 이삭가지를 1차이삭가지(1차지경)라고 하고, 1차이삭가지의 아래
쪽 마디에서 나온 이삭가지를 2차이삭가지(2차지경)라고 한다. 2차이삭
가지의 각 마디와 1차이삭가지 끝 부분의 각 마디에는 작은 벼알가지(소지
경)가 붙어있고, 그 끝에 벼알이 달린다. 벼알이 가지에 붙어있는 모습은 볍
씨의 형태 부분에 자세하게 설명되어 있다. 벼알은 1차이삭가지의 끝에 4~6
개, 2차이삭가지의 끝에 2~4개 정도 달린다. 이삭의 길이는 벼의 종류와 품
종에 따라 차이가 커서, 작은 것은 10㎝ 정도이고 큰 것은 30㎝가 넘기도 한
다. 우리나라에서 재배되는 일반적인 품종은 원줄기에서 나온 이삭의 길이가
15~22㎝ 정도 되고, 하나의 이삭에 달리는 벼알의 수는 70~130개 정도이
나, 품종과 재배방법에 따라 차이가 크다.

〈 어린이삭의 관찰 〉

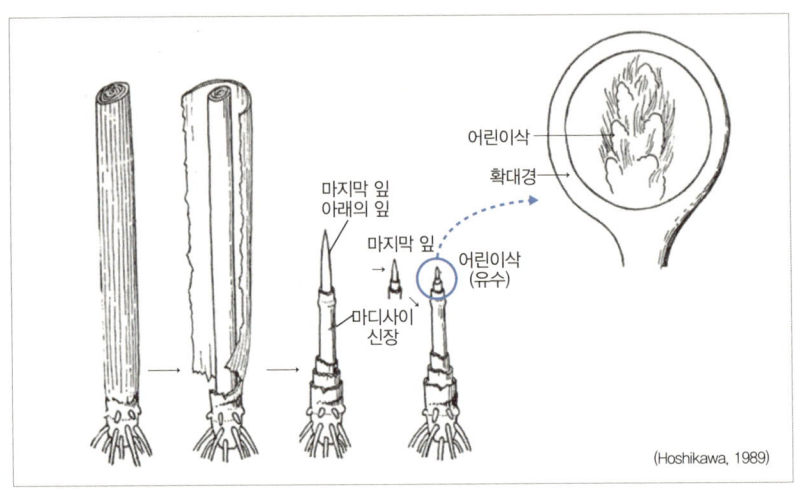

마지막 잎 아래의 잎

마지막 잎

어린이삭

확대경

어린이삭 (유수)

마디사이 신장

(Hoshikawa, 1989)

1 어린이삭의 형성

벼의 이삭은 이삭패기 30일 전쯤에 분화되어 25일 경에는 어린이삭이 형성 된다. 이삭패기 전 18일에는 벼꽃의 분화가 완료되는데, 이 때 어린이삭의 길 이는 0.8~1.5㎝ 정도이다. 어린이삭이 생기는 시기는 벼가 영양생장기에서 생식생장기로 전환되는 시기로서, 비료주기와 물관리 등의 기준이 되는 중요 한 시기이다. 이삭거름을 주는 시기는 어린이삭이 형성되는 이삭패기 전 25 일 경이다. 한 지역에서 한 품종의 이삭패는 시기를 알면 어린이삭이 형성되 는 시기를 추정할 수 있다. 그러나 새로운 품종을 재배하여 그 지역에서 이 삭패는 시기를 모를 때는 어린이삭의 길이로 어린이삭 형성기를 알 수 있다. 벼의 줄기수가 가장 많아지는 시기에 한 포기의 원줄기를 뿌리까지 뽑아낸 다. 그리고 뿌리에 가까운 부분의 잎집을 조심해서 벗겨내고 눈이나 확대경 으로 어린이삭의 형성과 길이를 확인하는 방법이다. 어린이삭의 길이가 2㎜ 정도이고 털이 많이 덮여있으면 어린이삭이 생긴 시기로 판단할 수 있다.

〈 이삭패기, 꽃피기 및 벼꽃의 구조 〉

꽃피고 있는(개화) 이삭

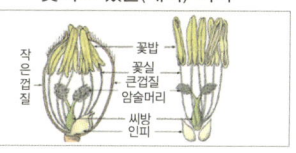

(농촌진흥청)

이삭패기(출수)   벼꽃의 구조

2 이삭패기와 벼꽃

이삭의 윗부분이 마지막 잎(지엽)의 잎집을 뚫고 밖으로 나오는 현상을 이삭패기(출수)라 한다. 이삭이 지엽의 잎집에서 빠져나오는 도중이나 완전히 빠져나온 후, 큰 껍질과 작은 껍질이 열리고 하얀 꽃밥이 외부로 나오는데 이를 꽃피기(개화)라 한다. 벼꽃은 작은 이삭, 소수 또는 영화라고도 하며, 발달하여 볍씨가 된다. 이삭패기와 꽃피기는 거의 동시에 일어난다. 벼꽃은 수술(꽃밥+꽃실), 암술(암술머리+암술대+씨방) 및 인피를 큰 껍질과 작은껍질이 바깥에서 감싸고 있는 형태이다. 꽃밥은 4개의 방으로 구성된 길쭉한 모양으로, 하나의 꽃에 6개가 있다. 꽃밥은 꽃실에 연결되어 있고 꽃실은 꽃의 안쪽 아랫부분에 붙어있다. 벼꽃의 안쪽 아랫부분에는 씨방이 있고, 그 위로 암술대가 있으며, 암술대의 끝에 양쪽으로 갈라진 날개 모양의 암술머리가 있다. 인피는 씨방의 옆에 붙어 있다. 벼의 꽃피기는 보통의 경우 큰 껍질과 작은 껍질이 열리면서 시작되는데, 인피가 물을 흡수하고 부풀어 껍질을 여는 역할을 한다. 껍질이 열리면 꽃실이 신장하여 꽃밥이 껍질 밖으로 빠져나오고, 꽃밥이 터지면서 수많은 꽃가루가 날린다. 떨어진 꽃가루가 암술머리에 앉는 것을 수분이라 하며, 이후 정핵(♂)과 난세포(♀)가 결합하는 수정을 거쳐 볍씨로 발달한다.

〈 씨방과 현미의 발달 모습 〉

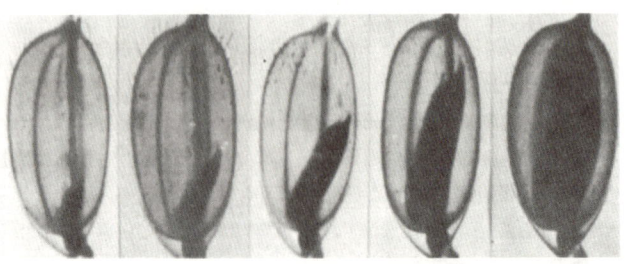

왕겨 안에서 씨방의 초기발달 모양

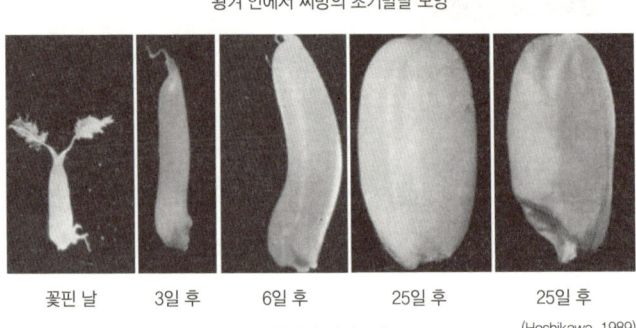

| 꽃핀 날 | 3일 후 | 6일 후 | 25일 후 | 25일 후 |

현미의 발달 모습 　　　　　　(Hoshikawa, 1989)

3 현미의 발달 형태

수정 후 씨방은 길이 생장을 시작하고, 3일 정도 지나면 현미의 길이가 왕겨 길이의 절반 정도까지 자란다. 6일 후에는 왕겨의 윗부분까지 길어지고, 암술머리는 매우 작게 퇴화된다. 이때의 현미는 구부러진 형태를 띤다. 이후 폭이 커지면서 15~16일 정도가 되면 완성된다. 이후로는 주로 두께가 굵어지고 개화·수정 후 25일 정도 되면 외형의 모습이 갖추어진다. 수정 며칠 후에 벼알을 눌러보면 우유 빛의 액체 상태인데 이 시기를 젖익음때(유숙기)라 한다. 이후 벼알이 고체 상태로 좀 더 단단해지고 왕겨를 벗겨보면 현미가 녹색을 띠는 시기를 풀익음때(호숙기)라 한다. 벼알이 더 발달하면서 녹색은 사라지고 옅은 황색을 띠는 시기를 누렇게익음때(황숙기)라 하며, 벼알이 다 익어 수확할 수 있는 시기를 다익음때(완숙기)라 한다.

제3장

벼의
생장생리

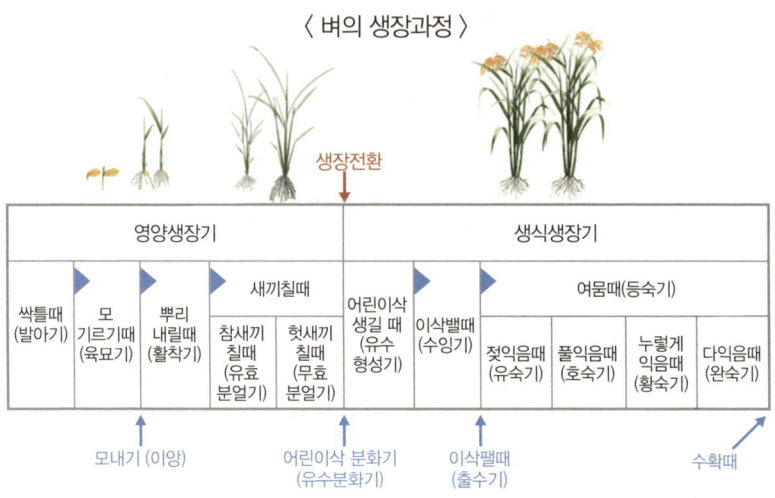

〈 벼의 생장과정 〉

영양생장기					생식생장기						
싹틀때 (발아기)	모 기르기때 (육묘기)	뿌리 내릴때 (활착기)	새끼칠때		어린이삭 생길 때 (유수 형성기)	이삭밸때 (수잉기)	여뭄때(등숙기)				
			참새끼 칠때 (유효 분얼기)	헛새끼 칠때 (무효 분얼기)			젖익음때 (유숙기)	풀익음때 (호숙기)	누렇게 익음때 (황숙기)	다익음때 (완숙기)

모내기 (이앙) 　어린이삭 분화기
(유수분화기)　이삭팰때
(출수기)　수확때

1. 벼의 생장

　벼의 생장은 발아로 시작되어 식물체가 자라고 벼알이 익어 볍씨가 되면 끝난다. 이 전체 기간은 크게 영양생장기와 생식생장기로 구분된다.

　영양생장기는 발아부터 뿌리, 줄기, 잎(영양기관)이 나오고 몸체가 커지는 새끼치기까지의 기간이며, 생식생장기는 벼알(생식기관)이 만들어지기 시작하여 익을 때까지로 다음 세대가 될 볍씨를 만드는 기간이다. 영양생장기를 다시 구분해 보면, 벼가 생육을 시작하는 단계인 발아, 모기르기, 모를 논에 옮겨 심는 모내기, 모낸 후 새 뿌리가 나오는 뿌리내리기, 새로운 줄기가 발생하는 새끼치기 순으로 진행된다. 생식생장기는 어린이삭 형성기, 이삭이 잎집 안에 불룩하게 차있는 이삭밸때, 이삭이 나오는 이삭팰때, 벼가 익어가는 과정인 젖익음때, 풀익음때, 누렇게익음때, 다익음때를 거쳐 완성된다. 결과적으로 벼의 생장은 볍씨에서 시작하여 새로운 볍씨로 끝나게 된다.

〈 볍씨의 발아 과정과 수분 흡수 〉

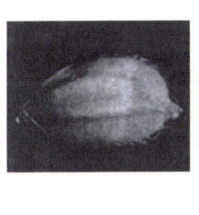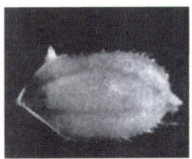

발아과정   (Hoshikawa, 1989)

수분흡수 경로

2. 발아

벼의 발아는 휴면이나 수명과 같은 볍씨 자체의 요인과 물이나 온도와 같
은 외부 환경요인에 따라 달라진다. 외부 환경조건이 발아에 적당해도 볍씨의
수명이 다했거나 휴면상태에 있으면 싹이 트지 않는다. 휴면이 없어진 정상적
인 볍씨의 발아는 물을 흡수하며 시작된다. 볍씨를 물에 담그면 처음 18시간
동안 빠르게 물이 흡수되는데, 이 기간(흡습기 또는 흡수기)에는 볍씨가 스스
로 물을 흡수하는 것이 아니고 건조한 볍씨로 물이 이동하는 것이다. 흡수기
후반부터 활성기에는 볍씨의 수분함량이 더 증가하지는 않으나, 흡수한 물을
이용하여 씨눈이 활성화되고 씨젖이 분해된다. 활성기 끝 무렵에는 발아한다.
발아한 볍씨는 수분을 더욱 많이 흡수하는 생장기에 들어간다. 이때의 수분흡
수는 볍씨 자체에 의한 것으로, 초엽과 1엽이 차례로 자라나고 씨젖이 활발하
게 분해되어 자라나는 부위에 영양을 공급한다.

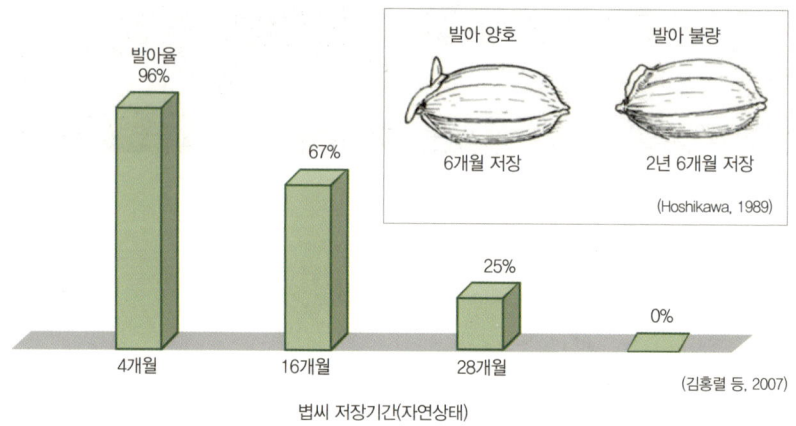

〈 볍씨 저장기간에 따른 발아 형태와 발아율 〉

발아율
96%

발아 양호

발아 불량

6개월 저장

2년 6개월 저장

(Hoshikawa, 1989)

67%

25%

0%

4개월

16개월

28개월

(김홍렬 등, 2007)

볍씨 저장기간(자연상태)

볍씨의 수명과 휴면

볍씨의 발아에 영향을 미치는 볍씨 자체의 요인은 수명과 휴면이다. 볍씨는 성숙 직후부터 퇴화하기 시작하는데, 자연 상태에서는 품종에 따라 다르나 일반적으로 2년이 지나면 발아 능력이 급격하게 떨어진다. 그러나 볍씨를 -5~-10℃에 보관하면 10년이 지나도 발아한다. 자연 상태에서 저장기간이 6개월과 2년 6개월 된 볍씨를 비교해보면 저장기간이 짧은 볍씨보다 긴 볍씨의 발아가 나빠지며, 싹이 터도 더 이상 생육이 진전되지 못하고 정지하는 경우가 많다. 휴면은 다 여물어 발아할 수 있는 볍씨가 적당한 환경조건에서도 발아하지 않는 현상을 말한다. 휴면기간은 동남아 등지에서 많이 재배되는 인디카형 벼와 우리나라에서 일부 재배되는 통일형 품종에서는 길고, 우리나라에서 재배되는 자포니카(일반벼) 벼 품종에서는 거의 없는 것으로 알려져 있다. 휴면이 거의 없는 우리나라의 일반벼는 가을철 수확기에 비가 자주 내리거나 비바람에 벼가 쓰러져 이삭이 물에 닿으면 볍씨가 이삭에 붙은 채로 싹이 트는 수발아가 잘 발생한다.

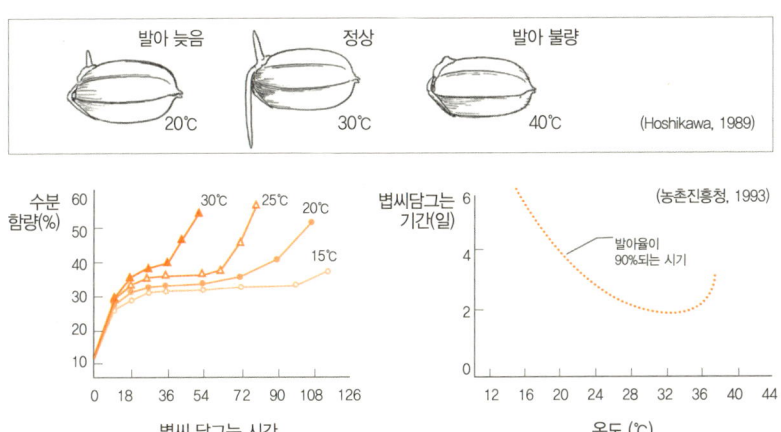

〈 발아에 대한 온도의 영향 〉

발아 늦음　　　　　정상　　　　　발아 불량

20℃　　　　　30℃　　　　　40℃

(Hoshikawa, 1989)

2 발아와 온도

볍씨는 물 흡수가 충분하면 10~40℃ 범위에서 발아하며, 8℃ 이하 또는 45℃ 이상 되면 발아하지 못한다. 볍씨의 발아에서 흡수기의 수분함량은 15℃에서는 30% 정도이나 30℃에서는 40% 정도까지 높아져, 온도가 높아지면 물 흡수량이 많아진다. 또한 30℃에서는 활성기가 짧아져 볍씨를 물에 담근 후 36시간 정도에 수분함량이 급격하게 증가하는 반면, 15℃에서는 100시간 정도까지 활성기가 유지된다. 따라서 발아에 적당한 온도 범위에서는 온도가 높으면 수분 흡수량이 많고 발아가 빨라지며, 발아 후 초엽과 1엽의 생육도 빨라진다. 볍씨를 물에 담가 90%가 발아할 때까지 15℃에서는 6일, 25℃에서는 3일, 32℃에서는 2일이 걸리고, 35℃보다 높아지면 2일보다 더 걸린다. 그러므로 볍씨의 싹트기에 가장 좋은 온도는 약 32℃ 정도가 된다. 볍씨가 물을 흡수하는데 걸리는 시간과 볍씨의 대부분이 발아하는데 걸리는 기간은 벼 품종에 따라서도 다른데, 시간이 오래 걸리는 품종의 경우에는 온도가 적당하고 볍씨를 물에 더 오래 담가두어야 한다.

〈 발아에 대한 산소의 영향 〉

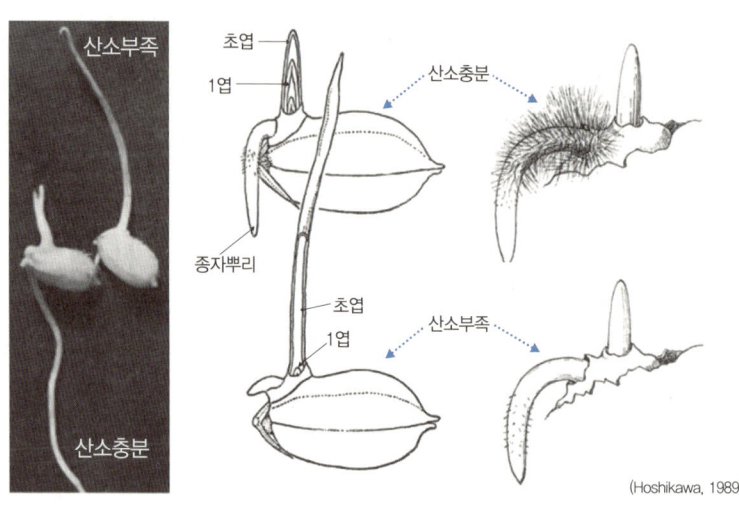

(Hoshikawa, 1989)

발아와 산소

벼씨는 산소가 없어도 발아가 가능하다. 그러나 산소가 계속 부족하면 발아된 후 초엽만 길고 연약하게 자라고, 뿌리는 나오지 않거나 나오더라도 생육이 매우 나빠진다. 또한 벼씨 자체에 이미 발생해 있는 잎들의 눈이 자라지 않고 그대로 있다. 반면 산소가 충분하면 발아 후 초엽이 짧지만 굵고, 초엽 속으로 1엽이 자라나며, 초엽보다 뿌리의 길이가 더 길게 자라난다. 또한 산소가 부족하면 뿌리가 자라더라도 뿌리털이 거의 없는 반면, 충분하면 종자뿌리의 표면에 잔뿌리가 많이 생겨난다. 기계모내기재배에서는 벼씨를 싹틔워 모상자의 상토에 뿌리므로, 보통의 경우 산소 부족이 발생하지 않는다. 그러나 논에 물이 있는 상태에서 벼씨를 직접 논에 뿌려 재배하는 물논씨뿌림재배(담수직파재배)의 경우에는 산소부족 증상이 나타날 수 있다.

거의 모든 종류의 벼는 빛이 없어도 잘 발아하는데, 빛이 있어야만 발아할 수 있는 잡초성벼도 일부 있는 것으로 알려져 있다.

〈 곁줄기의 발생, 줄기수 변화 및 한 포기의 새끼치는 방법 〉

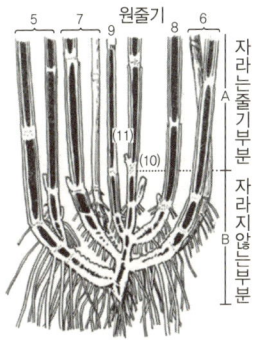

곁 줄기의 발생 (Hoshikawa, 1989)

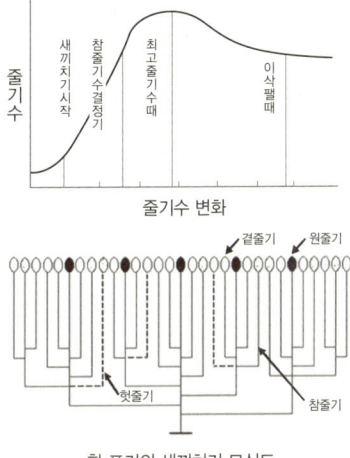

한 포기의 새끼치기 모식도

3. 새끼치기

🔸1 새끼치기의 과정

벼의 새끼치기는 원줄기의 밑동마디 부위에서 발생한 곁눈이 발달하여 자라나오고 잎, 줄기, 뿌리를 형성하는 것으로서, 발생한 새끼줄기를 일본에서는 분얼, 중국에서는 분지, 영어권에서는 tiller라 부른다. 새끼치기는 모내기 후 약 1주일 정도 지나 새뿌리가 내리고 나면 시작한다. 벼의 새끼줄기는 원줄기에서 10개 정도가 생겨나는데, 이렇게 원줄기에서 나온 새끼줄기를 1차새끼줄기라 한다. 1차새끼줄기에서 다시 새끼치기하여 2차새끼줄기가 된다. 이렇게 새끼치기가 진행되면서 벼 포기는 줄기 수가 증가하고 몸체가 커진다. 새끼치기가 진행되어 한 포기에 줄기가 가장 많아진 시기를 최대새끼줄기시기라 한다. 이때는 이삭패기 전 약 30일 경이며, 제때 모내기한 경우 모내기 후 35~40일 정도 된다. 이들 줄기가 모두 이삭이 되는 것은 아닌데, 발생한 총 줄기 중 이삭이 생기는 줄기를 참줄기, 생기지 않는 줄기를 헛줄기라 한다. 참줄기의 이삭이 발달하면 헛줄기는 위 잎부터 말라 죽는다.

〈 드물게 심기와 배게 심기에서 한 포기의 새끼치는 모양 〉

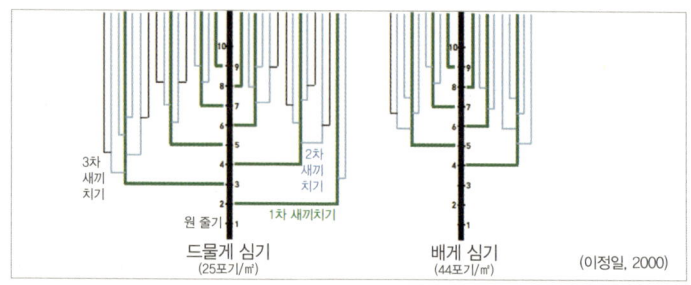

3차
새끼
치기

원 줄기

1차 새끼치기

2차
새끼
치기

드물게 심기
(25포기/㎡)

배게 심기
(44포기/㎡)

(이정일, 2000)

2 새끼치기에 영향을 주는 요인

새끼치기는 품종과 재배방법 등에 따라 많이 달라진다. 모심는 간격에 따른 새끼치기 형태는 그림과 같다. 20×20㎝ 간격으로 1㎡에 25포기를 모내기 한 경우에는 아래에서 2번째 마디부터 1차새끼치기가 일어나고, 7번째 마디까지 2차새끼치기가 일어나며, 3~6마디에서는 3차새끼치기를 한다. 그러나 15×15㎝ 간격으로 1㎡에 44포기를 모내기 한 경우에는 1차새끼치기가 시작되는 마디가 4번째로 높아지고, 2차새끼치기가 적어지며, 3차새끼치기는 거의 일어나지 않아, 결과적으로 25포기에서보다 포기당 줄기수가 적어진다. 기계모내기재배에서 산파모상자를 이용하는 경우에는 모내기 때 모의 뿌리가 많이 끊겨, 새 뿌리가 내리고 새끼치기를 시작할 때까지 시간이 걸린다. 그러나 폿트묘상자와 전용 이앙기를 이용하면 모의 뿌리가 끊어지지 않아 모내기 후 새끼치기가 빨라진다. 벼의 새끼치기에 가장 좋은 온도는 평균 25℃ 정도이고 낮과 밤의 온도 차이가 크면 유리하며, 햇볕이 좋으면 새끼치기가 촉진된다. 새끼치기는 평균기온이 15~19℃가 되면 매우 적어지고, 12~14℃가 되면 멈춘다. 물이 너무 부족하여 건조하거나 너무 많아 논물이 깊으면 새끼치기가 억제되며, 비료 주는 양이 과도하게 많아지면 새끼친 줄기는 많아지나 헛줄기도 많아져 좋지 않다.

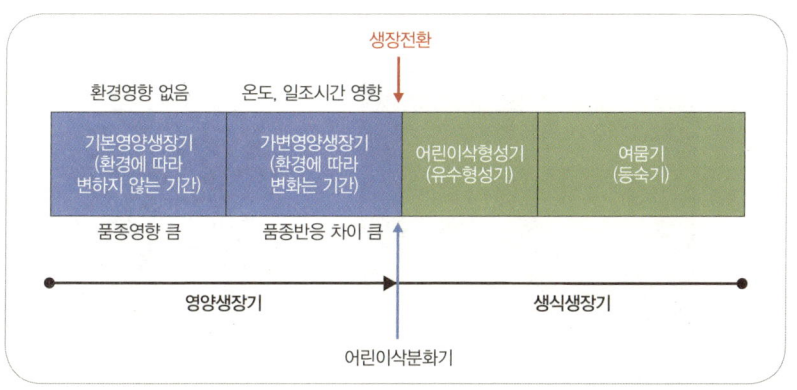

〈 영양생장기 및 생식생장기의 구성과 생장전환 〉

4. 영양생장기에서 생식생장기의 전환

벼는 어린이삭의 분화가 시작되면서 영양생장기에서 생식생장기로 전환된다. 생식생장기는 볍씨를 만들고 완성하는 시기이므로, 생식생장기로 전환되지 않으면 볍씨가 만들어지지 않는다. 우리나라에서 벼가 영양생장기에서 생식생장기로 전환되는 시기는 이삭패기 전 30일경이다. 벼가 영양생장에서 생식생장으로 전환되기 위해서는 기본영양생장기와 가변영양생장기를 거쳐야한다. 벼는 온도가 높고 낮의 길이(일장)가 짧으면 생식생장기로 전환이 빨라진다. 그러나 이런 조건이 갖추어져도 생식생장기로 전환되지 않는 기간이있는데, 이를 기본영양생장기라 한다. 벼의 기본영양생장기가 지나고 적당한환경이 주어지면 생식생장기로 전환이 촉진되는데, 이 기간을 가변영양생장기라 한다. 가변영양생장기는 온도가 높고 낮의 길이가 짧아지면 줄어든다.그러므로 벼는 기본영양생장기를 거치고 난 후 가변영양생장기를 경과해야만 생식생장기로 전환된다. 생육기간에 따른 벼 품종의 분류는 〈제9장. 벼품종과 유전육종〉에서 자세히 설명된다.

(Hoshikawa, 1989)

이삭패기 과정 (이삭밸때→이삭팰때→꽃필때)   하나의 이삭에서 꽃피는(개화) 순서

5. 이삭패기와 꽃피는 순서

이삭패기 전 약 1주일은 벼 이삭이 마지막 잎(지엽)의 잎집 안에서 자라 올라오기 때문에 지엽의 잎집이 불룩한데, 이때를 이삭밸때라 한다. 이삭패기는 포기에 따라 달라, 한 논에서 모든 포기가 이삭패는 데 1~2주 걸린다. 한 포기 안에서도 줄기에 따라 이삭패는 날짜가 다른데, 처음부터 마지막 줄기까지 이삭패는데에는 7일 정도 걸린다. 논 한 필지에서 전체의 10~20%가 이삭팬 시기를 출수 시, 40~50% 이삭팬 시기를 출수기, 90% 이상 이삭팬 시기를 수전기라 한다. 한 이삭에서 벼꽃이 피는(개화) 순서는 벼알의 위치에 따라 다른데, 이삭의 위쪽에 있는 이삭가지(지경)일수록 빠르고 아래쪽일수록 늦다. 하나의 이삭가지에서는 가장 위쪽의 꽃이 첫 번째로 피고, 다음으로 가장 아래부터 시작하여 위로 올라가며 꽃이 피는데, 이러한 순서는 2차 이삭가지에서도 같다. 개화와 수정 과정 및 이삭과 벼꽃의 형태는 〈제2장. 벼의 형태의 6. 이삭〉에 설명되어 있다.

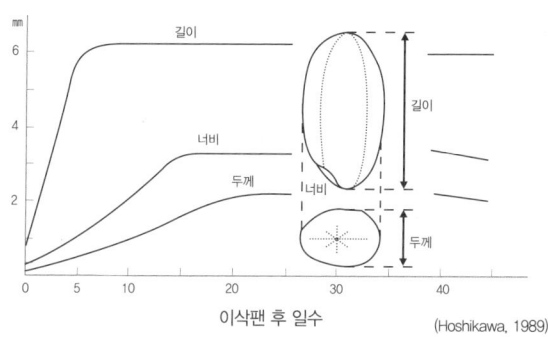

〈 현미의 발달 과정 〉

이삭팬 후 일수

(Hoshikawa, 1989)

6. 볍씨의 발달

벼꽃이 수정한 후 씨눈과 씨젖이 형성되고 씨젖에 양분이 축적되어 발아
능력을 가진 볍씨가 완성되는 과정을 여뭄 또는 등숙이라 한다. 수정 후 10일
정도 되면 씨눈의 모든 조직이 생겨나고, 25일 후에는 씨눈이 완성된다. 씨젖
은 수정 후 10일 정도에 세포분열이 끝나고, 그 이후에는 잎에서 합성한 양분
과 잎집에 저장되었던 양분이 벼알로 이동하여 세포를 채운다. 현미는 길이,
너비, 두께 순으로 발달하는데, 수정 후 길이는 5~6일, 너비는 15~16일, 두께
는 25일 정도까지 커진다. 이렇게 형태가 완성된 이후에도 현미의 안쪽은 양
분으로 계속 채워진다. 현미가 발달함에 따라 생체중(수확 후 바로 측정한
무게)은 현미의 외형이 완성되는 수정 후 25일 경에 가장 무거워지고, 35일 경
부터는 약간씩 감소한다. 현미의 건물중(수확 후 건조하여 측정한 무게)은
수정 후 35일까지 증가하고, 그 이후에는 비슷하게 유지된다. 현미의 수분
함량은 수정 후 계속 감소하여 35일 경에는 20% 정도까지 낮아지고, 그 이
후로는 수확 때까지 크게 변하지 않는다. 개화·수정 후 35일 경이 되어 씨눈
과 씨젖이 완성되는 시기를 생리적 성숙기라 한다. 그러나 벼 재배의 수확기
는 수확량과 품질을 최대한 높이는 시기로서, 이삭팬 후 45~55일 정도이다.

제4장

논토양과 벼 생육

〈 토양의 3상 분포도 〉

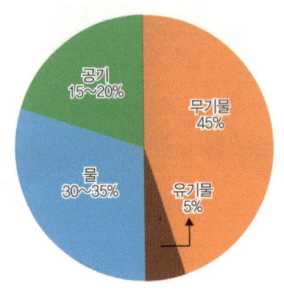

〈 입자 크기에 따른 분류 〉

토양 입자의 명칭		크기(직경,mm)
자갈		2.0 이상
조사		0.2 ~ 2.0
세사	모래	0.02 ~ 0.2
미사		0.002 ~ 0.02
점토		0.002 이하

〈 점토함량에 따른 토성 분류 〉

토성별	사토	사양토	양토	식양토	식토
점토함량(%)	12.5% 이하	12.5~25%	25~37.5%	37.5~50%	50%이상

※ 벼 재배에는 양토나 사양토가 적합하다. (모래함량 약 65~80%)

1. 토양의 구성

1️⃣ 토양의 3상

　토양은 암석이 잘게 부수어져서 만들어진 광물질(고상)을 약 50% 정도 함유하며 광물질들의 틈새에 물(액상)을 약 30~35%, 공기(기상)를 약 15~20% 정도 함유하고 있는데 이를 토양의 3상이라고 한다.

2️⃣ 토양입자의 구조

　토양의 광물질 입자 중 직경이 2㎜이상 되는 것을 자갈, 0.002~2㎜ 사이에 있는 것을 모래, 0.002㎜ 이하인 것을 점토라고 한다. 모래는 크기에 따라 다시 조사, 세사, 미사로 구분한다.

3️⃣ 토양의 성질(토성)

　토양이 점토를 얼마나 함유하는가에 따라 토양의 성질을 분류하며 점토의 함유량이 적은 것부터 사토, 사양토, 양토, 식양토, 식토로 분류한다.

 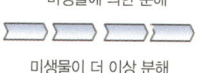 

〈 토양 유기물이 만들어지는 과정 〉

미생물에 의한 분해

미생물이 더 이상 분해
할 수 없는 남은 물질

동물과 식물의 잔재물

양분
유기물
수분
토양 유기물

4 토양 유기물(humus)

유기물은 동물의 배설물이나 죽은 동물과 식물체 등이 미생물에 의해 분해되고 남은 잔여물을 뜻하며 색깔은 보통 갈색이나 암흑색이다. 유기물은 크기와 형태가 일정하지 않으며 지력의 기본조건이 된다.

(1) **토양 유기물의 기능** : 암석의 분해 촉진, 양분공급, CO_2 공급, 생장촉진 물질 생성, 토양덩어리 형성, 물과 비료의 보유능력 증대, 토양 완충능력 증대, 미생물의 번식이 잘 되도록 하고, 지온 상승, 토양보호 등 매우 중요하다.

(2) **토양 유기물과 작물의 생육** : 일반적으로 유기물은 작물의 생육을 이롭게 하지만 유기물이 지나치게 많으면 토양이 산성화되고 특히, 물 빠짐이 나쁜 논(습답)에서 유기물이 많으면 분해가 되지 않고 산소가 부족하여 환원상태가 되기 때문에 오히려 피해를 주게 된다. 그러나 우리나라의 토양은 대부분 유기물이 부족하므로 추가적인 공급이 필요하다.

5 점토와 유기물의 역할

점토와 유기물은 보통 음(-)전하를 띠기 때문에 식물이 필요로 하는 양분 즉, 양이온(NH_4^+, K^+, Ca^{2+}, Mg^{2+} 등)을 잘 흡착할 수 있다. 점토나 유기물이 많으면 물과 양분이 잘 붙어 있으므로 식물이 필요할 때 뿌리를 통해 양분과 수분을 흡수할 수 있도록 해준다. 따라서 토양의 비옥도를 알기 위해서는 해당 토양이 얼마나 많은 양이온을 붙일 능력이 되는가를 측정하면 된다. 이를 양이온 치환용량이라고 한다. ※양이온(염기) 치환용량(C.E.C.) : 토양 100g이 붙일 수 있는 치환성 양이온의 총량이며 비옥도의 기준이 된다.

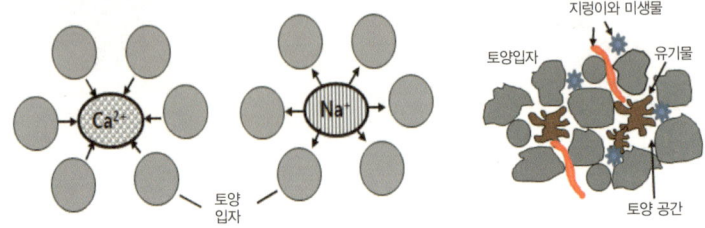

〈 칼슘과 유기물은 토양 입자를 서로 붙여주고 나트륨은 흩어 놓는다 〉〈 토양의 떼알구조 〉

2. 토양과 작물생육

토양의 구조

(1) **낱알구조** : 토양의 큰 입자가 덩어리를 이루지 못한 상태(모래 형태)로 물과 비료를 보유할 수 있는 능력이 매우 낮다.

(2) **진흙구조** : 미세한 입자가 구조를 이루지 못하고 뭉쳐진 상태(진흙 형태) 가 되면서 물 빠짐이 나쁘고 공기가 부족하여 작물이 생육하기에 좋지 않다.

(3) **떼알구조** : 토양의 낱알 입사가 몇 차에 걸쳐 서로 뭉쳐진 형태이며 토양 의 3상(광물, 물, 공기)이 적절하게 배열되어 작물재배에 유리하다. 떼알구조 가 잘 만들어지면 그 사이에 공간(공극)이 많이 생기기 때문에 물과 공기를 담아 둘 수 있고 지렁이 등의 토양생물과 여러 토양미생물들이 살아 갈 수 있 는 공간이 되며 이들의 배설물과 죽은 후의 잔재물도 다시 유기물이 된다.

(4) **떼알구조를 파괴**하는 원인은 잦은 논갈이, 비와 바람 등에 의한 점토성 분의 유실 등이 있으며 나트륨(Na) 성분은 토양입자를 흩어 놓는 성질을 가 지고 있기 때문에 떼알구조를 파괴한다.

(5) **유기물과 석회(Ca)**는 떼알구조를 만드는 성질이 있으며 콩과 작물을 재 배하거나 퇴비나 비닐 등으로 토양을 덮을 경우에도 떼알구조를 만드는데 도움이 된다.

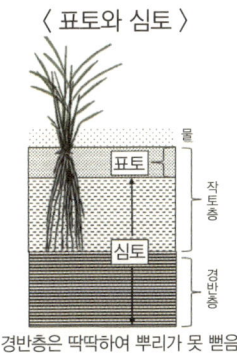

〈 표토와 심토 〉

표토
심토

작토층
경반층

물

경반층은 딱딱하여 뿌리가 못 뻗음

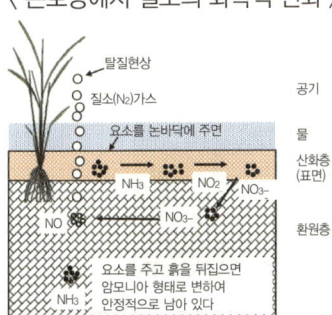

〈 논토양에서 질소의 화학적 변화 〉

탈질현상
질소(N_2)가스
요소를 논바닥에 주면
NH_3 NO_2 NO_3^-
NO NO_3^-
NH_3

요소를 주고 흙을 뒤집으면
암모니아 형태로 변하여
안정적으로 남아 있다

공기
물
산화층
(표면)
환원층

2 토층

(1) **표토와 심토** : 공기가 통하는 토양 윗부분을 표토라 하고 그 아래를 심토라고 하며 뿌리가 뻗을 수 있는 토양 깊이를 작토층이라고 한다.

(2) **작토층**이 깊을수록 비료가 더 필요하고 수확은 많아지지만 얕으면 수확이 감소하기 때문에 논을 깊이갈이 하여 작토층을 깊게 하는 것이 좋다.

3. 논토양의 특성

1 토양층의 분리와 질소의 유실(탈질현상)

(1) **토양층의 분리** : 논토양의 윗부분 1~2㎝는 공기 중의 산소가 공급되므로 산화상태가 되고 그 아래층은 산소부족으로 환원상태로 된다.

(2) **질소비료의 공급과 질소 유실**

① 질소 유실 : 벼는 요소가 암모니아(NH_4^+)나 질산(NO_3^-)으로 분해되면 흡수한다. 논바닥에 요소를 주면 암모니아로 분해된 후 아질산균과 질산균에 의해 질산으로 변한다. 질산은 아래의 환원층으로 이동되어 질소 가스로 변하여 공중으로 날아가게 되는데 이를 탈질현상이라고 한다.

② 요소를 주고 뒤집기 : 요소를 주고 나서 써레질을 하면 환원층에서 요소는 암모니아로 분해되어 오랫동안 남아 있다. 이를 전층시비라고 한다.

〈 깨씨무늬병 〉 　　　　　　〈 논 흙 보충량 계산법 〉

$$\frac{18cm \times (15\% - 논흙의\ 찰흙함량(\%))}{넣을\ 흙과\ 논흙의\ 찰흙함량\ 차이(\%)} \times 1.25 \times 10$$

주) 18cm : 작토층 깊이,　　15% : 목표 찰흙함량,
　　1.25 : 토양의 가비중

4. 논의 종류와 토양

1 마른논(건답)

쉽게 물을 댈 수 있는 일반적인 논으로 남부지역에서는 이모작으로 이용
한다. 지력이 약해질 우려가 있으므로 유기물을 충분히 공급해야 한다.

2 장기간 이용하여 양분이 부족한 논(노후화답, 추락답)

양분이 쉽게 빠져나가 양분부족 현상과 뿌리장해가 발생하여 수확이 크
게 감소되는데 주로 모래 논에서 많이 발생하며 깨씨무늬병이 잘 생긴다.

3 물논(습답)

물빠짐이 나쁜 논에서는 분해가 덜된 유기물이 쌓이고 환원작용에 의해
뿌리가 피해를 입게 되며 여뭄시기에 오히려 질소과다 현상이 발생하여 병해
충이 많아지고, 쓰러짐 등의 피해를 입게 된다.

※ 논의 적정 물빠짐은 하루에 15~25mm정도이다.

4 물빠짐이 심한 논(누수답)

모래나 자갈이 많아 물이 지하로 쉽게 빠지는 논은 점토와 유기물을 보
충하고 자주 풋거름(녹비)을 재배하고 갈아엎으면 개량이 가능하다.

5 논에 보충할 흙량(객토량) 계산

물논과 물빠짐이 심한 논 모두 점토함량이 15% 내외가 되도록 모래나 점
토질 흙를 보충하는 것이 좋다.

제5장

논 준비

〈 농기계로 논둑 만들기 〉   〈 논둑을 비닐로 덮는 방법 〉

1. 논둑 만들기

1 논둑의 필요성

논둑은 논에 물을 가두고 논 사이에서 간단한 농작업을 할 수 있는 통로로 이용된다. 그러나 논둑의 잡초는 병해충의 번식 장소가 되기 때문에 반드시 제거하여야 한다. 많은 비가 올 경우 허술하게 만든 논둑은 쉽게 무너져 인근 농경지에 피해를 입히게 되므로 튼실하게 만들어야 한다.

2 논둑 만들기

재료로는 논의 흙이 가장 간편하게 이용되며 콘크리트, 플라스틱, 마대자루나 비료포대 등을 이용하기도 하며 비닐로 덮는 방법도 있다. 논둑의 갈라진 틈으로 물이 새지 않도록 잘 만들어야 하며 논둑에는 물을 댈 수 있는 입수구와 물이 빠져나가는 배수구를 설치한다.

(1) 흙으로 만들 경우 : 삽으로 흙을 떠서 쌓고 틈을 메운 후 갈라지지 않게 논둑표면을 매끈하게 바르는 것이 좋다.

(2) 포대 활용 : 무너질 염려가 있는 논둑 부분은 마대자루나 비료포대에 흙을 약 60~70%정도 담고 층층이 쌓아 두면 잘 무너지지 않는다. 논둑 위를 비닐로 덮고 위에 흙을 얹어 고정하는 방법도 있다.

(3) 논둑형성기(논두렁조성기) : 비가 온 후 논에 물기가 있을 때 트랙터에 부착된 논둑형성기로 논둑을 만들 수 있다.

<＜ 논갈이 방법의 시대적 변화 ＞

축력 이용   경운기 이용   트랙터 이용

2. 논갈이(경운)

논갈이 시기

　논갈이는 굳어 있던 토양을 부드럽게 하고 잡초를 없애면서 먼저 심었던 작물의 잔여물을 흙 속에 묻을 목적으로 토양을 갈아엎는 작업이다. 가을에 하거나 이른 봄에 하면 작물의 잔여물이 토양에 묻혀 유기물로 분해될 수 있다. 모내기가 다가올 무렵에 논갈이를 하고 물을 대어 써레질하기도 하며 근래에는 논갈이를 생략하고 물을 댄 후 바로 써레질을 하기도 한다.

논갈이 방법

　깊이갈이(심경)를 하면 벼가 뿌리를 깊게 내릴 수 있어 수확량이 증가한다. 경운기는 약 12㎝, 트랙터로는 18~20㎝ 정도 갈 수 있다.

논갈이의 장단점

(1) 장점 : 딱딱해진 토양을 뒤집어 작물의 뿌리가 잘 내리게 한다. 일반적으로 깊게 갈면 벼의 생육기간이 다소 길어지기도 한다. 논갈이를 하지 않고 물을 대고 바로 써레질을 하면 써레질을 깊게 하기는 어렵다. 또한 논바닥에 떨어진 잡초 종자를 땅속으로 묻어버리는 역할도 한다.

(2) 단점 : 논 표면에 떨어진 잡초 종자들이 이듬 해 발아되면 쉽게 제거 할 수도 있으나 논갈이를 하면 땅에 묻히기 때문에 없애기가 어렵다. 땅에 묻힌 종자는 적당한 환경이 되면 언제나 발아가 가능하며 써레질 후 땅위로 나온 잡초 종자는 발아하여 벼가 자라는데 방해가 된다.

인력으로 논 고르기   트랙터로 논 고르기   레이저균평기 활용

3. 써레질과 균평작업

1️⃣ 써레질의 목적

물과 혼합된 흙덩어리를 부수어 부드럽게 하며 논바닥을 편평하게 하여 모내기작업이 쉽도록 하고, 비료를 흙과 고루 섞어 벼가 균일하게 자랄 수 있도록 하는 작업이다. 써레질을 하면 물속에 흙이 가라앉을 때 굵고 무거운 것부터 먼저 가라앉고 작고 가벼운 것은 천천히 가라앉는다.

2️⃣ 써레질 방법

물논(습답)과 같이 물이 잘빠지지 않는 논은 써레질의 횟수를 줄이는 것이 좋고, 산간지 논이나 물이 심하게 삐지는 논(누수답)에서는 써레질을 곱게 하여 토층을 잘 만들어 물빠짐이 적게 하는 것이 좋다.

3️⃣ 논 고르기(균평작업)

써레질하면서 높은 쪽의 흙을 낮은 쪽으로 이동시켜 전체적으로 평탄하도록 만들어야 한다. 논 고르기가 제대로 되지 않으면 모내기 작업이 힘들고 벼의 초기생육이 고르지 않으며 논의 관리가 매우 어렵다. 어린모의 경우 모의 키가 작기 때문에 물이 깊은 곳에 심어진 모는 물위로 뜨게 된다. 제초제의 효과가 낮아지고 약해를 입기도 하며 친환경농업에서는 우렁이가 벼를 갉아먹기도 한다. 직파재배의 경우 논의 깊은 부위에 파종된 볍씨는 고인 물에 의해 정상적인 발아와 생장을 하지 못하여 입모가 불량해지고 수확량이 감소한다. 최근 면적이 넓은 논은 레이저균평기로 논 고르기를 하는 경우도 있다.

제6장

앙분과
비료주기

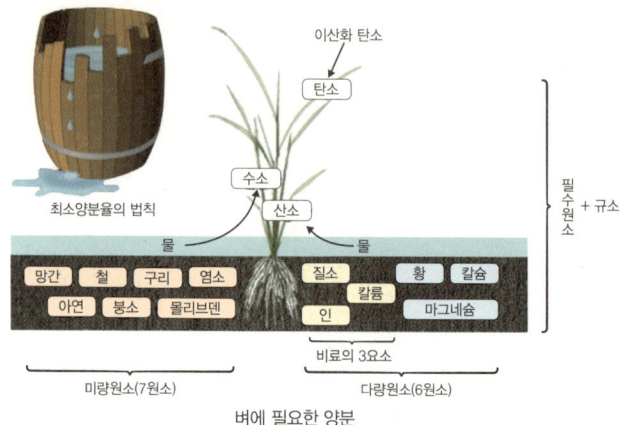

〈 벼에 필요한 양분의 종류와 최소양분율의 법칙 〉

이산화 탄소

탄소

수소

산소

필수원소 + 규소

최소양분율의 법칙

물   물

망간 철 구리 염소   질소   황 칼슘

아연 붕소 몰리브덴   칼륨

인   마그네슘

비료의 3요소

미량원소(7원소)   다량원소(6원소)

벼에 필요한 양분

1. 벼에 필요한 양분과 역할

벼에 필요한 양분

식물의 생장에는 16개의 필수원소가 필요하다. 이들 중 단 한 가지만 부족해도 식물은 잘 자랄 수 없는데, 이와 같이 다른 것이 충분해도 부족한 한 개의 원소에 의해 식물의 생육이 결정되는 것을 최소양분율의 법칙이라 한다. 탄소는 기공을 통해 흡수된 이산화탄소에서 만들어지며, 산소와 수소는 뿌리에서 흡수한 물에서 생성된다. 나머지 13가지 원소는 뿌리를 통해 흡수된다. 이들 13개 원소 중 질소, 인, 칼륨, 칼슘, 마그네슘, 황은 식물에 많이 필요하기 때문에 다량원소라 하고, 나머지 7개는 적은 양만 필요하기 때문에 미량원소라 한다. 6개 다량원소 중 질소, 인, 칼륨은 작물을 재배할 때 주는 중요한 비료로서, 비료의 3요소라 한다. 벼의 생장에는 16개 필수원소가 모두 필요하지만, 비료의 3요소를 제외한 나머지는 일반적으로 자연에서 공급된다. 규소는 필수원소는 아니지만, 벼는 다른 작물과 달리 규소를 많이 흡수한다.

다량원소	흡수형태	식물체 함유율 (% 건조 무게)	역할
질소 (N)	NO_3^-, NH_4^+	1–3%	아미노산, 단백질, 핵산, 엽록소 및 조효소
인 (N)	$H_2PO_4^-$ 또는 HPO_4^{2-}	0.05–1.0%	에너지 공급, 핵산과 조효소 구성성분, 탄수화물 및 지방형성 중간단계 조성
칼륨 (K)	K^+	0.3–6%	효소, 아미노산, 단백질 합성, 효소의 활성화, 기공개폐
칼슘 (Ca)	Ca^{2+}	0.1–3.5%	세포벽 성분, 효소 보조제, 세포 투과성
마그네슘 (Mg)	Mg^{2+}	0.05–0.7%	엽록소 구성성분, 효소활성화
황 (S)	SO_4^{2-}	0.05–1.5%	아미노산 성분, 조효소 A

흡수되어 벼 잎에 나란히 축적되어 있는 규산은 벼 식물체를 튼튼하게 한다.

2 양분의 역할

질소는 식물의 구성성분으로서 단백질, 엽록소, 핵산 등에 포함되어 있다. 벼는 뿌리를 통해 흡수한 질소를 단백질로 합성하고, 단백질은 벼의 새끼치기, 키의 신장, 벼알의 형성 등에 이용된다. 인은 벼의 새끼치기에 꼭 필요하다. 뿌리로 흡수된 인은 생장점, 마디, 이삭 등 활발하게 생장하는 부위로 쉽게 이동하여 저장되었다가 필요할 때 이용된다. 칼륨은 식물체의 구성성분은 아니지만 단백질 합성, 광합성, 광합성 산물의 이동 등에 관여한다. 칼륨은 질소 함량이 가장 높은 시기인 새끼치기한창때와 어린이삭 형성기에 부족하기 쉽다. 칼슘은 벼의 세포벽을 구성하며, 세포분열과 생장에 필요한 성분이다. 벼에서 칼슘은 이삭밸때와 여묾때 광합성 산물이 이동하는 것을 돕는 기능을 한다. 마그네슘은 엽록소의 구성에 중요한 원소로서, 광합성과 호흡 등에서 역할을 한다. 황은 벼에 흡수되어 질소대사 작용, 광합성, 호흡 등에 관여한다. 규소는 물을 제외하고 벼가 토양에서 가장 많이 흡수하는 성분으로서, 잎을 튼튼하게 하고 병해충과 쓰러짐에 견디는 힘을 높이는 작용을 한다.

〈 주요 양분의 부족과 과다 증상 〉

원소	부족 또는 과다	증상
질소	부족	새끼치기가 억제됨, 키가 작아짐, 잎이 좁고 짧으며 황록색임, 아래 잎이 먼저 증상을 보이고 심하면 갈색으로 변하고 죽음
인	부족	새끼치기가 정지되고 식물체가 자라지 못함, 잎이 좁고 짧으며 암녹색을 띰, 오래된 잎이 갈색으로 변하고 말라 죽음
칼륨	부족	새끼치기가 약간 적어짐, 잎이 짧은데도 밑으로 쳐지며 암녹색임, 아래 잎의 끝부터 잎맥 사이가 황화되고 녹색의 잎 위에 갈색반점이 생겨 커지기도 함
규소	부족	잎이 부드러워지고 아래로 쳐짐
철	과다	아래 잎의 끝에서 작은 갈색반점이 나타나 아래로 번짐, 잎맥 사이에서 반점이 합쳐져서 잎은 녹색이지만 자줏빛이 비치는 갈색으로 보임
망간	과다	식물이 자라지 못하고 새끼치기가 감소함, 아래 잎의 잎몸과 잎집의 잎맥에 갈색반점이 나타남

3 주요 양분의 부족과 과다 증상

양분의 부족과 과다 증상은 그 성분의 역할과 식물체 내에서의 이동성에 따라 다양하게 나타난다. 양분의 부족이나 과다에 의한 장해를 영양장해라 한다. 영양장해로 인해 벼에 공동석으로 나타나는 일반적인 증상은 다음과 같다.

• 벼가 정상적으로 자라지 못하고 키가 작거나 크며 연약해진다.

• 잎의 색이 황색, 백색, 갈색 또는 오렌지색으로 변한다.

• 새끼치기가 적어진다.

• 뿌리가 적갈색이나 검은색으로 변한다.

• 벼에서 이동이 잘되는 양분(질소, 인, 칼륨, 황)은 부족 증상이 아래 잎에 먼저 나타나고, 이동이 잘 되지 않는 성분(칼슘, 철, 붕소)은 부족 증상이 위의 새로 나온 잎에 먼저 나타난다.

매년 비료로 주는 질소, 인, 칼륨의 부족 증상과 경우에 따라 나타나는 철, 망간의 과다 증상은 위의 표와 같다.

〈 비료의 종류 〉

질소 　 인산

칼륨

〈단비〉　　〈복합비료〉　　〈완효성비료〉

〈가축분뇨액비〉　〈규산질비료〉　〈유기질비료〉　〈석회질비료〉

2. 비료주기

비료의 종류

　비료의 종류는 성분에 따라 질소, 인산, 칼륨이 대표적이고, 유기물이 포함된 유기질 비료가 있다. 만드는 유형에 따라서는 한 가지 성분으로 구성된 단비와 여러 가지 성분이 혼합된 복합비료가 있으며, 복합비료 중에는 비료가 서서히 녹아나오는 완효성비료가 있다. 이외에 토양 성분을 검정하여 주어야 할 비료의 양을 결정한 후 질소, 인산, 칼륨 중 2종류 이상의 비료를 섞은 주문배합비료(맞춤형비료)가 있다. 배합비료에 유기물이나 황산칼륨 등을 추가하기도 한다. 또한 가축분뇨 액비를 사용하기도 한다. 규산질 비료는 벼의 몸체를 튼튼하게 하는 비료이다. 논토양이 너무 산성일 때 이를 중성으로 교정해 주는 석회질 비료가 있다. 우리나라에서 판매되는 단비 중 질소비료에는 질소 성분이 46%, 인산비료에는 인이 20%, 칼륨비료에는 칼륨 성분이 60% 함유되어 있다. 그러므로 질소, 인산, 칼륨을 각각 1kg씩 주려면 질소비료는 2.174kg(1kg÷0.46), 인산비료는 5kg(1kg÷0.2), 칼륨비료는 1.667kg(1kg÷0.6)을 주어야 한다.

〈 비료 주는 방법 〉

목표수량
생산을 위한
비료 필요량

벼의 비료
전체 필요량

관개수의 비료공급량

비료 주는 양=
필요량-천연공급량

비료함량

비료 주는 양=
필요량-토양비료량

천연공급량을 고려한 비료주기　　토양검정에 의한 비료주기

지대	비료량
평야지, 중간지	표준량 – A
중산간지, 냉조풍지	표준량 – B
산간고랭지	표준량 – C
간척지	표준량 – D

비료 표준량 주기

2 비료 주는 양의 결정

비료 주는 양을 결정하는 방법은 세 가지가 있다. 첫째, 천연공급량을 고려한 비료주기는 벼의 생산량에 필요한 비료의 양을 미리 결정한 후, 여기에서 빗물과 물대기 등 자연에서 공급되는 양을 제외하고 주는 방법이다. 이때 비료마다 벼가 흡수하는 비율이 다르기 때문에 이를 고려해야 한다. 논 1,000㎡(10a)에서 현미 600kg을 생산하는데 필요한 비료의 양은 질소 15, 인산 6, 칼륨 13.8kg이다. 벼가 자라는 동안 자연에서 공급되는 양은 질소 6, 인산 4.2, 칼륨 8kg 정도이다. 질소, 인산, 칼륨의 흡수율은 각각 60, 20, 50%이다. 그러므로 현미 600kg을 생산하기 위해 주어야 하는 질소비료는 "(필요한 양 15-천연공급량 6)/흡수율 0.6"으로 15kg이 된다. 둘째, 토양검정에 의한 비료주기는 먼저 필요한 비료의 양을 결정하고, 토양에 있는 비료성분을 분석하여 부족한 양만 주는 방법이다. 품질 좋은 쌀 생산을 위해서는 필요한 질소비료의 양을 10a당 9kg으로 설정한다. 토양분석과 비료주기 처방은 농업기술센터 등의 전문기관에 의뢰하여 알 수 있다. 셋째, 표준량의 비료를 주는 방법은 지대와 재배방법에 따라 추천된 양을 주는 방법이다.

〈 질소비료 부족과 과다의 영향 〉

질소부족	⇨	벼 키 단축 새끼치기 감소 생육 저조	⇨	이삭수 감소 이삭길이 단축 벼알수 감소	⇨	수확량 저하
질소적당	⇨	정상 생육	⇨	정상 생육	⇨	안전한 수확 양호한 품질
질소과다	⇨	과다 신장 새끼치기 과다 헛 줄기 증가 조직 약화	⇨	쓰러짐 증가 병해충 피해 증가 이삭수 증가 적음 재해피해 극심	⇨	수확량 저하 품질 저하

3. 질소비료 부족과 과다의 영향

비료는 적당한 양을 주어야 안전하게 쌀을 거둘 수 있다. 특히 질소비료의 영향이 큰데, 비료가 부족하면 벼가 충분히 자라지 못한다. 벼 키가 짧아지고, 새끼친 줄기수가 적어져 이삭수가 적어지며, 생육하는 어린이삭에 양분이 부족하여 이삭에 벼알이 적게 달리게 되어 결국 수확량이 적어진다. 반대로 질소비료를 지나치게 많이 주면 모내기 후 얼마 동안은 새끼치기가 왕성하여 줄기수가 많아지고 잎이 진한 녹색이어서 건강하게 자라는 것처럼 보이나, 한 포기의 줄기수가 너무 많아져 포기 사이가 차게 되므로 바람이 잘 통하지 않아 병에 걸리기 쉬워진다. 또한 많은 줄기가 헛줄기로 되어 죽기 때문에, 위에서 보면 괜찮으나 포기 사이에 죽은 부분이 많고 여기에서 병이 생기기 쉽다. 벼의 키가 더 커지는 반면 줄기는 부드러워지고 잎은 더 늘어지게 자라기 때문에, 여물때 비바람이 세차면 쉽게 쓰러진다. 벼가 쓰러지면 수확량이 크게 감소한다. 이와 같이 지나치게 많은 질소비료를 주면 과다증상 피해가 발생하므로 유의해야 한다.

제7장

물과
벼 생육

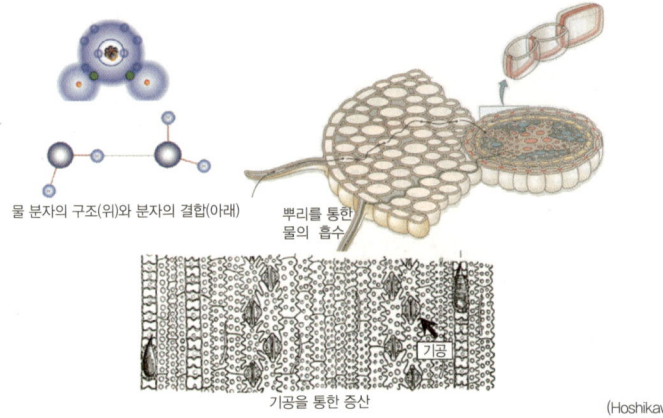

〈 물의 구조, 뿌리에 의한 물 흡수 및 기공을 통한 증산 〉

물 분자의 구조(위)와 분자의 결합(아래)　뿌리를 통한 물의 흡수

기공을 통한 증산

(Hoshikawa, 1989)

1. 벼에 대한 물의 중요성

물의 특징과 기능

물은 하나의 산소 원자에 2개의 수소 원자가 비스듬하게 결합된 구조이다. 벼 무게의 90% 정도는 물이다. 물은 벼에서 광합성과 호흡 등 모든 대사작용이 일어나는 용매가 된다. 물에 녹아있는 양분은 물과 함께 뿌리로 흡수되고, 식물체 안에서 물질은 물과 함께 이동하며, 물이 식물체 밖으로 빠져나가면서 식물체의 온도가 떨어지는 등 물은 수많은 역할을 한다. 토양의 물은 뿌리털로 처음 흡수되어 주로 세포벽을 따라 물관부까지 이동하며, 물관부를 따라 벼의 각 부위로 운반된다. 이와 같이 식물에 흡수된 물은 벼에 이용되거나, 저장되었다가 기공을 통해 수증기 형태로 빠져나가는데 이를 증산이라 한다. 온도가 높고 볕이 좋은 낮에는 기공이 열려 증산이 일어나서 식물체의 온도를 낮춘다. 밤에는 기공이 닫혀 물이 식물체 안에 머무르기 때문에 체온 유지에 도움이 된다.

〈 벼 잎집과 뿌리의 통기조직 〉

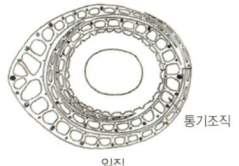잎집

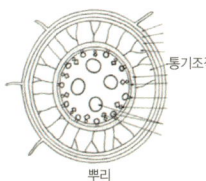뿌리

(Hoshikawa, 1989)

〈 건조된 식물체 1g을 생산하는데 필요한 물의 양(요수량) 〉

벼	보리, 밀	콩	클로버
300g	500g	700g	800g

2 벼농사에서 물관리의 중요성

우리는 벼를 논에 물이 담겨있는 상태에서 키운다. 그러나 벼는 적당히 축축한 땅에서도 잘 자라는 작물이다. 벼가 다른 작물과 다르게 뿌리가 물에 잠긴 채로도 자랄 수 있는 것은 식물체 안에 공기가 통하는 구조(통기조직)가 잘 발달해 있기 때문이다. 논에 물을 대면 물에 의한 양분의 공급, 잡초발생 억제, 작물의 온도 조절, 유해물질의 조절, 홍수 억제 및 지하수 공급 등 매우 다양한 효과가 있다. 논에 대는 물에는 각종 무기양분과 유기물이 함유되어 있어 벼에 양분을 공급하게 된다. 논이 물에 잠겨 있으면 물에서 자라지 못하는 잡초는 나올 수 없기 때문에 잡초발생이 적어진다. 물은 공기보다 온도의 변화가 느리기 때문에 논토양과 벼 주변의 온도를 조절하는 역할을 한다. 우리나라는 모기르기때 기온이 낮은데, 낮에 따뜻해진 물은 기온이 떨어지는 밤에 모를 보온하는 효과가 있다. 토양 속에 존재하는 유해물질이 물에 녹아 농도가 낮아지거나 토양 아래층으로 빠져나가 벼 피해를 줄일 수 있다. 이와 같이 벼는 물이 있어도 자랄 수 있고 물대는 부가적인 효과가 크기 때문에 논에 물이 있는 상태에서 벼를 키운다. 그러나 벼에 물이 많이 필요하지 않은 시기에 논에 물을 빼면 벼가 튼튼하게 자란다.

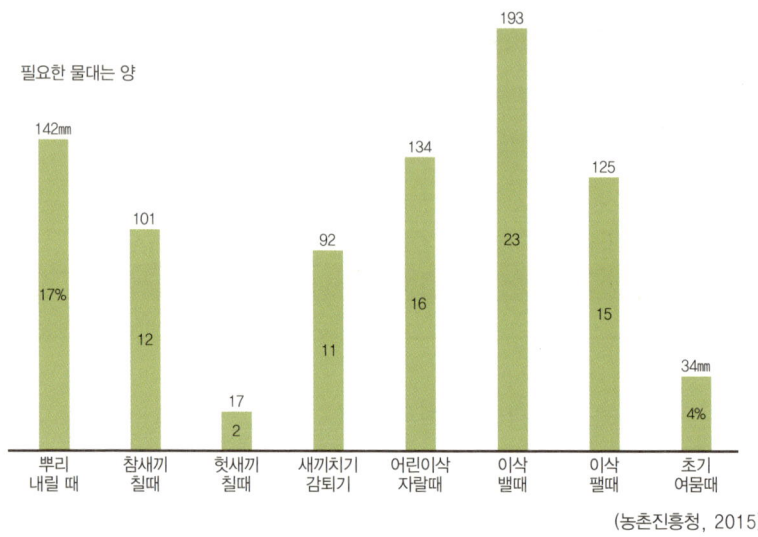

〈 벼 생육시기별로 필요한 물대는 양과 비율 〉

필요한 물대는 양

142mm 17% / 뿌리 내릴 때
101 / 12 / 참새끼 칠때
17 / 2 / 헛새끼 칠때
92 / 11 / 새끼치기 감퇴기
134 / 16 / 어린이삭 자랄때
193 / 23 / 이삭 밸때
125 / 15 / 이삭 팰때
34mm 4% / 초기 여묾때

(농촌진흥청, 2015)

2. 벼에 필요한 물의 양과 환경

벼 생육시기별 관개용수량

　논에 물대는 것을 관개, 물대는 양을 관개량, 벼가 필요로 하는 물의 양을 용수량, 벼에 필요한 관개량을 관개용수량이라 한다. 관개용수량은 용수량에서 벼에 이용되는 강우량(유효강우량)을 뺀 물의 양이다. 유효강우량은 대체로 전체 강우량의 70% 정도이다. 벼는 관개용수량이 생육시기별로 다르다. 모내기재배의 경우 관개용수량은 이삭밸때가 전체의 23%를 차지하여 가장 많고, 뿌리내릴 때 17%, 어린이삭 자랄때 16%, 이삭팰 때 15% 순으로 많다. 대체로 이 시기는 벼에 많은 물이 필요한 때이다. 헛새끼칠때는 전체 관개용수량의 2%, 이삭팬 후 5~15일은 4% 정도로 적어서, 이 시기에는 벼에 많은 물이 필요하지 않은 시기이다. 이와 같이 벼는 생육시기별로 필요로 하는 물의 양이 다르므로, 필요에 맞추어 물관리를 해야 한다.

(농촌진흥청, 2015)

구분		모내기 재배	물논씨뿌림 재배	마른논 줄뿌림 재배
물대는 기간(일)		100일(6.1~9.10)	130일(5.1~9.10)	100일(6.1~9.10)
물대는 기간 중 강우량(mm)		832	917	832
유효 강우량(mm)		582	642	582
물 필요량(mm)	잎 증산량	550	550	480
	물 증발량	300	390	300
	지하침투량	500	845	800
	써레질 필요량	120	120	0
	계	1,420	1,905	1,580
관개용수량 (물 필요량-유효강우량)		838	1,263	998

2 벼 재배양식별 관개용수량

전체 벼 재배기간 중의 관개용수량은 약 900~1,600mm 정도 된다. 모내기재배에서는 관개기간이 약 100일이고, 1,420mm 정도의 물이 필요하다. 이 기간 중 강우량은 832mm 정도이며, 유효강우량은 582mm 정도가 된다. 그러므로 모내기재배에 필요한 관개용수량은 용수량 1,420mm에서 유효강우량 582mm를 제외한 838mm가 된다. 모내기재배에서 용수량은 잎을 통한 증산량과 지하 침투량이 비슷하게 많고 써레질 작업 필요량이 가장 적다. 모내기재배와 비교하여 물논씨뿌림재배는 모기르는 기간이 없고 물논에 바로 볍씨를 뿌려 재배하므로 모내기재배보다 관개기간이 20~30일 정도 길다. 따라서 지하 침투량과 수면 증발량이 많아져, 관개용수량이 모내기재배보다 425mm 많은 1,263mm가 된다. 마른논씨뿌림재배는 물논씨뿌림재배와 같이 논에 직접 볍씨를 뿌리는 재배방법이지만, 볍씨가 발아하고 모가 자라는 기간 동안은 물을 대지 않기 때문에 관개기간이 모내기재배와 같다. 그러나 모가 자란 후 논에 처음 물을 댈 때 지하 침투량이 많아 모내기재배보다 관개용수량이 160mm 정도 많아진다.

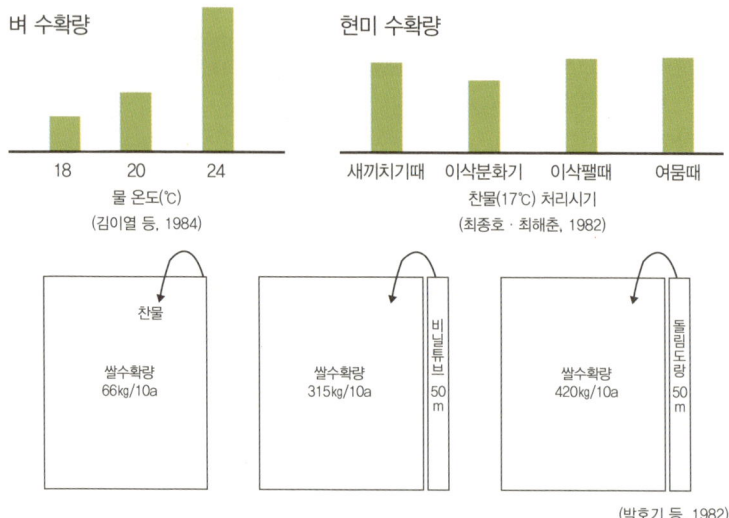

〈 물 온도와 수확량의 관계 및 물 온도를 높이는 방법 〉

벼 수확량

현미 수확량

18 20 24
물 온도(℃)
(김이열 등, 1984)

새끼치기때 이삭분화기 이삭팰때 여뭄때
찬물(17℃) 처리시기
(최종호 · 최해춘, 1982)

찬물
쌀수확량
66kg/10a

쌀수확량
315kg/10a
비닐튜브 50m

쌀수확량
420kg/10a
돌림도랑 50m

(박호기 등, 1982)

3 물 온도와 벼 생육

벼에 가장 좋은 물의 온도는 낮에 30~32℃, 밤에 25~30℃ 정도이다. 물
온도가 20℃보다 낮아지면 저온 피해의 위험이 있고 35℃ 이상 되면 고온 피
해가 생긴다. 물 온도가 낮으면 수확량이 떨어지는데, 이것은 주로 쭉정이
가 많아지기 때문이다. 찬 물에 의한 벼의 피해는 생육시기별로 다르다. 찬
물에 의해 수확량이 가장 많이 떨어지는 시기는 어린이삭 형성기~이삭팰때의
시기이고, 벼가 익는 시기에는 찬물에 의한 영향이 비교적 크지 않다. 논에 대
는 물이 온도가 낮은 지하수이거나 찬물이 나는 논의 경우 저온 피해를 입어
수확량이 낮아지므로 물 온도를 높여주어야 한다. 저수지를 넓고 얕게 만들
어서 물을 얼마동안 담아두면 관개수의 온도를 높이는 효과가 크다. 보다
쉽게는 비닐튜브를 50m 정도 설치하거나 논 바깥쪽 가장자리에 물고랑을
30~40m 만들고 튜브나 고랑을 따라 찬 물이 논으로 흘러들어가게 하면 물
온도를 높이는 효과가 있다.

〈 벼 생육시기별 물관리 방법 〉

(농촌진흥청, 2015)

생육시기	물깊이	물대는 방법	증상
모내기때		얕게 대기	모를 얕게 심고 뜬 모 경감
뿌리내릴때	물/토양	깊게 대기	모살이 경감, 뿌리내림 촉진
새끼치기 한창때		얕게 대기	새끼치기 촉진
헛새끼칠때		중간물떼기	헛줄기와 유해물질 억제, 쓰러짐 방지
이삭뺄때		걸러대기	뿌리활력 증대, 유해물질 제거
이삭팰때		보통으로 대기	꽃가루받이 촉진
여뭄때		걸러대기	여뭄 촉진, 뿌리기능 유지, 유해물질 제거
물떼기때		완전 물떼기	작업 편리

3. 물관리 방법

1 벼 생육시기별 물대는 방법

모내기 때 물이 깊으면 모가 잘 심기지 않고 뜨는 모가 많아지기 때문에 2~3㎝ 정도로 얕게 대어야 한다. 모내기 때의 모는 뿌리가 끊겨 있기 때문에 모내기 후 새 뿌리가 자라나야 이후의 생장이 이루어진다. 모내기 후 뿌리내리기까지 1주일 정도 물을 깊게 대면 잎이 시들지 않고 모가 바람에 쉽게 쓰러지지 않는 효과가 있다. 새끼치기 때는 물을 얕게 대면 새끼치기가 빠르고 왕성해진다. 특히 낮과 밤의 온도 차이가 크면 새끼치기가 촉진되는데, 물을 얕게 대면 낮에 물 온도가 빨리 오르고 밤에 빨리 떨어져 온도 차이가 커진다. 이 기간에 물을 깊게 대면 새끼치기가 잘 되지 않거나 늦어진다. 헛새끼칠때 논에서 물을 빼면 뿌리가 튼튼해져 벼가 건강하게 자란다. 어린이삭 형성기부터 이삭팰때 까지는 물을 충분히 대 주어야 하고, 특히 이삭패기 15일 전부터 이삭팬 후 10일까지는 물을 6~7㎝로 깊게 댄다. 벼의 여뭄때는 뿌리의 기능이 떨어지기 쉬운 시기이므로 물을 2~3㎝ 정도로 얕게 대거나 3일은 물을 대고 2일은 물을 빼는 걸러대기를 하면 좋다. 이삭팬 후 30~40일이 되면 논에서 물을 뗀다.

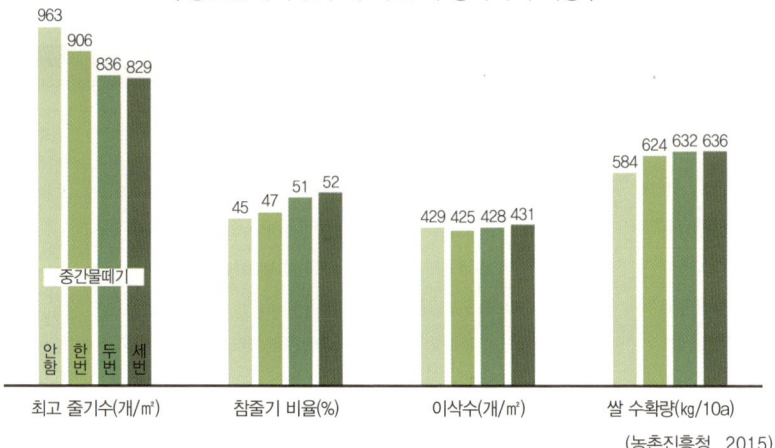

〈 중간물떼기 횟수에 따른 벼 생육과 수확량 〉

(농촌진흥청, 2015)

중간물떼기

　헛새끼치는 기간에 논에서 물을 빼는 것을 중간물떼기라 한다. 헛새끼칠때는 기온이 높아져 벼의 생육이 왕성하고 흙과 물에 있는 미생물의 활동이 많아져, 토양에 산소가 부족해지기 쉽고 뿌리에 피해를 주는 유해물질이 생겨난다. 중간물떼기를 하면 논 토양 속으로 공기가 들어가 토양에 축적되어 있던 유해물질이 없어지고 벼 뿌리 썩음이 방지된다. 또한 벼 뿌리에 산소를 공급하게 되어 활력이 높아진다. 헛새끼칠때 뿌리 활력을 높여주면 여뭄때까지 효과가 이어져 뿌리의 활력이 유지된다. 또한 중간물떼기를 하면 벼에 양분이 너무 많이 흡수되는 것이 방지되어 헛줄기 발생이 적어진다. 헛줄기는 나중에 이삭이 생기지 않고 죽기 때문에 적게 나오는 것이 좋다. 중간물떼기 시기는 보통 이삭패기 전 40~30일 사이가 좋은데, 이보다 빠르면 양분의 손실이 크고 잡초가 많아지며, 너무 늦으면 헛줄기가 많아져 효과가 적어진다. 그러나 물빠짐이 너무 잘되는 논에서는 중간물떼기의 효과는 적고 비료의 손실이 많아지므로 주의해야 한다. 물빠짐이 보통인 논에서는 논바닥에 실금이 갈 정도로 5~7일, 물빠짐에 나쁜 논에서는 큰 금이 생길 때까지 7~10일 정도 물을 뺀다.

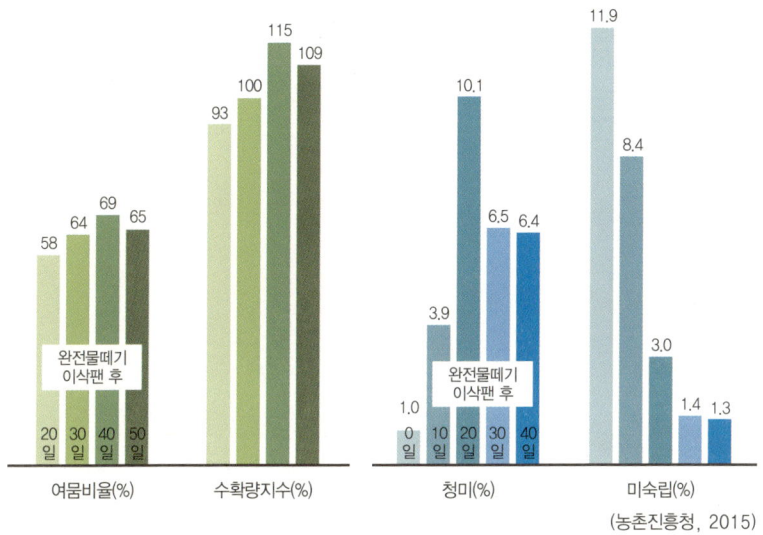

〈 완전물떼는 시기에 따른 수확량과 현미 품질 〉

(농촌진흥청, 2015)

3 완전물떼기

벼알이 익어 수확이 가까워지면 논에서 물을 빼고 다시 대지 않는데, 이 때 물을 빼는 것을 완전물떼기라 한다. 완전물떼기는 시기가 중요한데, 대체로 이삭팬 후 30~40일 정도가 적당하다. 이때는 현미의 형태가 완성되고 벼가 물을 매우 적게 필요로 하는 시기가 된다. 우리나라에서는 콤바인 등을 이용한 기계수확이 대부분인데, 기계수확을 위해서는 논이 말라야 한다. 완전물떼기가 늦어지면 논이 마르지 않아 수확작업이 늦어지게 되고, 수확이 늦어지면 깨진 쌀이 많아져 품질에 좋지 않다. 완전물떼기가 너무 이르면 벼가 충분히 여물지 않아 수확량이 낮아진다. 현미가 푸른색을 보이는 청미와 완전히 자라지 못한 미숙립이 많아져 잘 여문 완전미 비율이 낮아지고, 결국 품질이 떨어진다. 제 때 모내기하면 벼 이삭이 8월까지 팬다. 그러나 모내기가 늦어 이삭 패는 시기가 늦어지면 여뭄때의 온도가 낮아 여무는 속도가 늦어진다. 이렇게 이삭이 늦게 팬 경우에는 이삭팬 후 40~45일에 완전물떼기 한다.

제8장

벼 재배법

〈 벼 기계모내기재배 과정 〉

| 파종 | → | 모기르기(육묘) | → | 모내기(이앙) | → | 재배관리 | → | 수확 |

볍씨 준비   논 준비   비료, 물, 잡초, 병해충

1. 모내기(이앙)재배

기계모내기재배

벼 모내기재배는 못자리나 모상자에 파종하여 모를 기르고 논에 옮겨 심어 재배하는 방법이다. 사람이 직접 모내기하는 것을 손모내기 또는 손이앙이라 한다. 손모내기는 넓은 면적에 사람이 직접 모내기하기 때문에 매우 힘든 일이라, 기계를 이용한 모내기 방법이 개발되었으며 이를 기계모내기 또는 기계이앙이라 한다. 손모내기재배에서는 볍씨를 모판에 뿌려서 모를 기르고 모내기 직전에 일일이 뽑아서 모내기 준비를 한다. 그러나 기계모내기를 위해서는 모를 이앙기에 올려 자동으로 공급해야 하기 때문에 규격화된 모상자에 파종하여 모를 기른다. 이를 기계이앙용 상자육묘라 한다. 벼 기계모내기재배는 볍씨 및 자재 준비, 파종, 모기르기, 모내기, 논관리(비료주기, 물관리, 병해충 방제 등), 수확의 단계를 거친다. 우리나라의 벼 재배방법은 크게 모내기(이앙)재배와 씨뿌림(직파)재배가 있으며, 모내기재배는 기계모내기재배와 손모내기재배가 있는데, 기계모내기재배는 전체 벼 재배면적의 95% 정도를 차지하는 대표적인 방법이다.

〈 모의 종류와 특징 〉

중묘

어린모

풋트묘

구분	중묘	어린모	풋트묘
파종량(g/상자)	130	200~220	40~50
모르는 기간(일)	30~35	8~10	30~40
잎의 수(개)	4.0	1.5~2.0	4~5
모의 키(cm)	15~18	8~10	18~20
낮은 씨젖의 양(%)	0	40~50	0
모상자의 수(개/10a)	30~35	20~22	40~45

(농촌진흥청, 2013)

(1) 모의 종류

기계모내기 모에는 중묘, 어린모, 풋트묘가 있다. 이들은 상자의 모양, 파종량, 모기르는 기간, 관리방법 등에 차이가 있으며, 벼농사 규모와 여건에 맞추어 종류를 선택한다. 중묘는 볍씨를 흩어뿌리는 산파 방식과 열을 지어 뿌리는 조파 방식이 있는데, 산파가 일반적이다. 중묘산파는 모상자당 마른 볍씨 기준으로 130g을 뿌리고, 출아 후 못자리로 옮겨 모를 기르는 방법으로 파종~모내기까지 30~35일이 걸린다. 어린모는 모상자당 마른 볍씨 기준으로 200~220g을 뿌리고, 비닐하우스 등의 실내(육묘장)에서 모를 기르는 방법이다. 파종~모내기까지는 8~10일이 걸린다. 어린모는 중묘보다 모기르는 기간이 짧고 필요한 상자수가 적으며 못자리가 필요 없다는 장점이 있다. 그러나 실내육묘를 위한 시설이 필요하고 관리에 더 세심한 주의가 필요하며 중묘보다 모가 어리다. 풋트묘는 전용 모상자에 파종하고 30~40일간 못자리에서 모기르기 후 모내기 하는 방법이다. 풋트묘는 모내기 때 뿌리가 끊어지지 않아 뿌리내림이 빠르고 중묘와 어린모보다 더 자란 모를 내는 장점이 있으나, 필요한 상자수가 더 많고 전용 파종기와 이앙기가 필요하다.

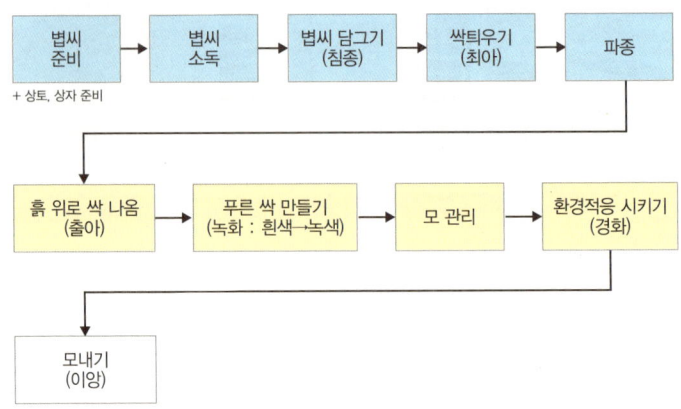
〈 파종과 모기르기 과정 〉

(2) 파종과 모기르기

　모기르기는 파종으로 시작한다. 수확한 벼에는 까락이나 이물질이 포함된 경우가 많고 충실하게 여물지 않은 볍씨도 포함되어 있으므로, 이를 미리 제거해야 한다. 모를 건강하게 기르기 위해서는 볍씨가리기(선종)를 하여 충실한 볍씨만 골라내야 한다. 이렇게 준비한 충실한 볍씨를 소독, 볍씨담그기(침종), 싹틔우기(최아) 과정을 거쳐 모상자(육묘상자)에 파종한다. 모상자는 미리 흙(상토)을 채워 준비해두고, 파종 직전 물을 흠뻑 주었다가 빠진 후에 싹틔운 볍씨를 뿌리고 흙으로 덮는다(복토). 파종을 마친 후 파종한 상자를 쌓아서 보온하거나 전용장치(출아기)에 넣어 2~3일 지나면 초엽이 복토 위로 1~2㎝ 자라 나오는데, 이를 출아라 한다. 출아된 모상자를 꺼내어 그늘에 두면 초엽이 흰색에서 점차 녹색으로 변하는데, 이를 녹화라고 한다. 녹화된 모상자는 중묘와 포트묘의 경우 못자리로 옮기고, 어린모의 경우 실내 육묘장으로 옮겨 모를 기른다. 모내기가 가까워지면 모를 외부로 노출시켜 환경에 적응하도록 하는데, 이를 경화(硬化)라 한다. 모기르기는 파종에서 경화를 거쳐 끝난다.

〈 기계모내기 육묘상자와 상토의 종류 〉

중묘산파상자　　　　　어린모상자　　　　　포트묘상자

만든 상토　　　　　　　몇 가지 판매 상토

① 모상자와 상토 준비

중묘 산파상자는 바닥에 작은 구멍이 많이 뚫려 있어 못자리로 옮긴 후
모의 뿌리가 상자 아래의 못자리 토양 속으로 자라게 된다. 어린모 상자
는 모의 뿌리가 상자 밖으로 자라나오지 못하게 바닥에 작은 구멍이 몇
개만 뚫려 있다. 포트묘 상자는 여러 개의 작은 포트를 붙여놓은 것과 같
은 형태이다. 모상자는 모 종류별로 논 면적에 필요한 만큼 준비한다.
10a당 중묘는 30~35개, 어린모는 20~22개. 포트묘는 40~45개의 상자
가 필요하다. 상토는 직접 만들어서 사용하거나, 시중에 판매되는 상토
를 구매하여 사용할 수 있다. 중묘는 모상자당 5리터, 어린모는 4리터,
포트묘는 2리터 정도가 필요하다. 실제 모상자에 종자를 뿌릴 때는 필요
한 양보다 10~20% 정도 더 여유 있게 상토를 준비하는 것이 좋다.

〈 볍씨 준비 과정 〉

까락, 이물질 제거

까락제거기 이용

충실한 볍씨가리기

구분	소금물 비중	물 20리터 당 소금량
메벼	1.13	4.2kg
찰벼	1.03	1.3kg

발아 ← 볍씨 담그기 ← 볍씨소독 ←

파종

② 볍씨 준비

파종을 고르게 하기 위해서는 까락제거기를 이용해 볍씨의 까락과 줄기 부스러기 등의 이물질을 미리 제거해야 한다. 볍씨의 양은 논 면적에 필요한 상자 수를 고려하여 필요한 양보다 10~20% 정도 더 준비한다. 이물질 제거 후, 충실한 볍씨를 사용하기 위해 볍씨가리기를 한다. 볍씨가리기는 소금물을 이용하는데, 메벼는 물 20리터당 소금을 4.2kg 녹이고 여기에 볍씨를 담가 가라앉는 것만 사용한다. 이때 소금물의 비중은 1.13이다. 찰벼의 경우 물 20리터에 소금 1.3kg을 녹여 물의 비중을 1.04로 맞추고 볍씨가리기를 한다. 볍씨가리기는 씨뿌리기 직전에 할 수도 있고, 미리 해서 볍씨를 말려두었다가 사용해도 된다. 다음으로 볍씨에 있는 병해충을 방제하기 위해 볍씨 소독을 한다. 볍씨 소독은 약제를 사용하거나 찬물과 더운물에 순차적으로 담그는 냉수온탕침법을 이용한다. 소독이 끝나면 깨끗한 물에 볍씨담그기를 하여 물을 흡수하도록 한다. 다음으로 볍씨를 30~32℃에 마르지 않도록 두어 싹이 1~2㎜ 나오도록 싹틔우기를 한다. 이렇게 하면 볍씨 준비가 완료된다.

〈 모 종류별 파종 과정 〉

중묘·어린모 산파

물 주기　　　　파종 작업　　　파종된 상태　　　흙 덮기

폿트묘

파종 작업　　　파종된 상태　　　흙 덮기

③ 파종(씨 뿌리기)

파종은 먼저 시기를 결정해야 한다. 모내는 시기는 지역과 재배방법에
따라 다르므로 상황에 맞게 모내는 시기를 결정해야 한다. 모내는 시기
가 결정되면, 모내기 전 중묘는 30~35일, 어린모는 8~10일, 폿트묘는
30~40일에 파종한다. 파종은 사람이 하거나 전용 파종기를 이용하는데,
중묘와 어린모는 볍씨를 대부분 흩어뿌리기 때문에 두 가지 방법을 모두
이용할 수 있으나, 폿트묘는 전용 파종기가 필요하다. 싹튼볍씨를 손으
로 한 줌 쥐었다가 놓았을 때 볍씨가 손에 붙어있지 않을 정도까지 말려
야 한다. 손으로 뿌릴 때는 상토가 채워진 모상자에 물을 고르게 흠뻑 뿌
리고, 물이 모두 스며들어 상토 위로 고인 물이 없어지면 볍씨를 뿌린다.
볍씨는 상자의 한쪽으로 몰리지 않게 고르게 뿌려야 한다. 파종이 고르지
않으면 많이 뿌려진 곳은 모내기 때 포기당 모가 지나치게 많아지고, 적게
뿌려진 곳은 빈 포기가 된다. 씨뿌리기가 끝나면 볍씨가 보이지 않을 정
도로 흙으로 덮는다(복토). 복토량은 중묘와 어린모는 약 1리터, 폿트묘
는 0.6리터 정도이다.

〈 출아와 푸른싹 만들기 과정 〉

출아기   전용 출아실   간이출아

출아된 모   푸른싹 만들기   백화묘

④ 출아와 푸른싹 만들기

파종 후 균일한 출아(싹의 출현)에 적당한 온도는 30~32℃이며, 습기가
유지되어야 한다. 우리나라에서 파종 시기는 4~5월로 기온이 낮기 때문
에 출아를 위해 출아기를 이용하거나 간이출아 방법으로 온도를 높여주
어야 한다. 출아기는 내부에 상자 선반이 갖추어져 있고 온도 조절과 습
기를 유지할 수 있다. 출아기가 없을 때는 파종 후 온실과 같이 햇볕이
잘 드는 실내에서 모상자를 10~15단으로 쌓고 비닐과 거적 등으로 덮어
보온해주는데 이를 간이출아라 한다. 출아기를 이용하는 경우에는 2일,
간이출아의 경우에는 3일 후 흙 위로 초엽이 1~2㎝ 자랐을 때 모상자를
꺼낸다. 모상자를 꺼낸 후 상자에 물을 뿌려 복토를 가라앉히고 모에 물
을 공급한다. 출아된 모를 2일 정도 그늘에 두면 초엽이 녹색으로 변하
는데 이를 녹화(綠化)라 한다. 출아된 직후 모가 강한 햇볕에 노출되면
녹색으로 변하지 않고 하얗게 말라 죽는 백화(白化)묘가 되므로 주의해
야 한다.

〈 모기르기와 모내기 때의 모 생육 〉

모
기
르
기

중묘
보온절충못자리　부직포못자리

어린모
실내육묘　　육묘공장

폿트묘
못자리로 이동

모
내
기
때

중묘

어린모

폿트묘

⑤ 모기르기와 경화

싹이 녹색으로 변하면 중묘와 폿트묘는 못자리로 옮기고, 어린모는 육묘
선반을 그늘이 없는 곳으로 옮긴다. 모를 못자리로 옮기는 시기는 기온
이 낮기 때문에 모를 못자리에 배치한 후 비닐이나 부직포를 덮어 보온해
야 한다. 비닐을 이용할 때는 철사나 대나무 등을 이용해서 터널식으로
만들고 위에 비닐을 덮은 후 고랑에만 물을 대는데, 이 방법을 보온절충
못자리라고 한다. 부직포를 이용하는 경우에는 모상자 위에 바로 부직포
를 덮고 가장자리를 흙으로 눌러 부직포가 바람에 날리지 않게 한다. 산
파상자를 사용한 경우에는 고랑에만 물을 대주어도 괜찮지만, 편한 모상
자를 사용한 경우에는 물이 못자리 표면 위로 1㎝ 정도 올라오게 대주어
야 모가 마르지 않는다. 모내기 7~10일 전에는 비닐을 걷어내어 모가 외
부환경에 적응하도록 경화(硬化) 과정을 거친다. 어린모는 실내에서 기르
기 때문에 특히 온도와 물관리가 중요하다. 모가 작을 때는 하루 한 번,
모가 커지면 하루 두 번 물을 뿌려준다. 모내기 2~3일 전부터는 상자를
온실 밖에 두거나 논으로 옮겨 모를 경화시킨다

논준비과정					
논 갈이	→	물대기 밑거름주기 써레질	→	제초제 처리	→	논물 빼기 (2~3㎝)	→	모내기
전년 가을 또는 이른 봄		모내기 6~7일 전		모내기 5~6일 전		모내기 1일 전		

지역	지대	조생종	중생종	중만생종
중부	중북부평야지	6.4~6.10	5.18~5.24	5.15~5.21
	중부평야지	6.9~6.14	5.27~6.2	5.15~5.21
	중간지	5.21~5.27	5.8~5.14	–
	중산간지	5.19~5.25	5.8~5.14	–
	해안지	6.2~6.8	5.20~5.26	5.10~5.17
호남	평야지	6.13~6.19	5.27~6.15	5.23~6.13
	중간지	6.5~6.11	6.28~6.3	5.25~6.1
	산간고랭지	5.11~5.21	–	–
	해안지	6.15~6.21	6.8~6.17	6.1~6.17
영남	평야지	6.13~6.19	6.11~6.17	6.5~6.11
	중간지	5.28~6.1	5.21~5.27	5.19~5.25
	중산간지	5.25~6.1	5.14~5.20	5.10~5.17
	냉조풍지	5.11~5.17	5.9~5.15	5.7~5.13

(농촌진흥청, 2015)

(3) 논 준비와 기계모내기

① 논 준비

논 준비는 전년 가을이나 이른 봄에 논갈이를 미리 해두면 논에 있는 볏짚이 흙과 섞이고 논흙이 부드러워져 유기물의 분해가 촉진된다. 기계모내기는 써레질 후 논흙이 가라앉고 3~4일 정도 굳어야 가능하다. 최근에는 효과적인 잡초방제를 위하여 모내기 전에 제초제를 미리 뿌리고 논에 물을 5일 정도 가둬두는 경우가 많다. 따라서 모내기 6~7일 전에 논에 물을 대고 써레질한다. 써레질 전 밑거름을 주면 비료가 땅속까지 들어가 비료의 효과가 오래 유지되는데, 이를 전층시비(全層施肥)라 한다. 모내기 전 제초제의 종류에 따라 써레질 직후 또는 흙탕물이 가라앉은 후 뿌린다. 모내기 전 제초제는 논 표면에 얇은 막을 형성하는데, 잡초의 싹이 터서 제초제에 닿으면 죽는다. 그러므로 물을 깊게 대고 제초제를 뿌린 후에는 피막의 유지를 위해 논에 들어가지 않는 것이 좋다. 제초제를 뿌리고 5일 정도 지나 모내기 전날이 되면 깊이 2~3㎝까지 물을 뺀다. 이는 모내기 과정에서 어린모가 잘 심기고 물 위로 잎 끝이 나오게 하기 위해서이다.

〈 기계모내기 광경, 적당한 포기수와 모 개체수 〉

중묘와 어린모   폿트묘

구분	㎡당 포기수	포기당 개체수
산간고랭지, 늦모내기	33~39	6~7
중산간지, 염해지, 영동지방	27~33	5~6
중간지, 보리 수확 후 벼 재배	24~27	4~5
평야지 1모작	23~26	3~4
채소 수확 후 벼 재배	26~29	5~6

(농촌진흥청, 2015)

② 기계모내기

모와 논 준비가 완료되면 기계모내기를 한다. 우리나라는 지역에 따라 기온이 다르고 벼 품종도 조생종부터 중만생종까지 있기 때문에 모내는 시기는 지역과 품종을 모두 고려하여 결정해야 한다. 지역과 재배품종별로 쌀 품질 향상을 위해 알맞은 모내는 시기는 앞 쪽의 표와 같다. 이보다 모내기가 빠르거나 늦으면 쌀이 충실하게 여물지 못해 뿌연 쌀(심복백)이 많아지고 품질이 나빠진다. 벼를 많이 재배하는 평야지에서는 ㎡당 23~26포기, 포기당 3~4개의 모를 심는다. 고랭지나 중산간지 또는 보리+벼, 채소+벼와 같은 2모작에서는 평야지 1모작보다 벼 생육기간이 짧기 때문에 포기수와 포기당 모의 개체수를 늘려 심는다. 포기수와 포기당 모의 개체수는 이앙기를 조작하여 조절할 수 있다. 폿트묘는 중묘와 어린모에 비해 모가 충실하고 뿌리째 모내기하므로 한 포기의 몸체가 더 크게 자란다. 그러므로 ㎡당 18~21포기를 모내기하는 것이 좋다.

〈 수확 때 벼알의 양분 구성, 여뭄때의 온도와 수확량, 모내는 시기와 여뭄때의 온도 〉

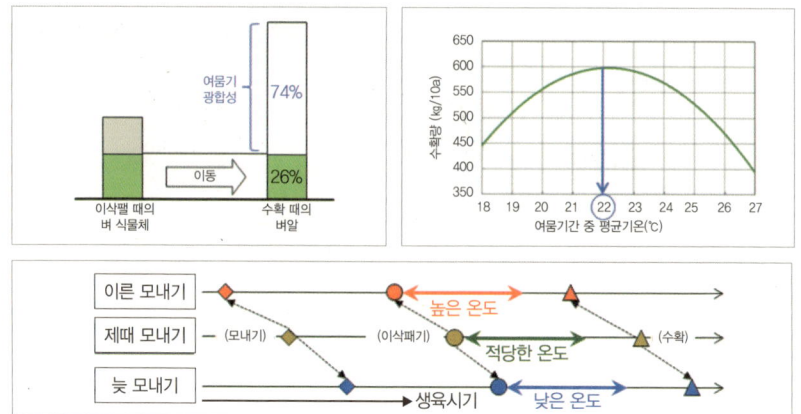

③ 벼 여뭄때의 중요성과 모내는 시기의 결정

벼 수확기에 벼알의 약 74%는 이삭팬 후 여뭄기간 중의 광합성에 의해 채워지고, 나머지 26%는 이삭팰 때 벼에 축적되어 있던 양분이 벼알로 이동하여 채워진다. 그러므로 이삭패기 전보다 후의 기간이 수확량을 높이는 데 훨씬 중요하다. 여뭄때 벼의 광합성은 주로 기온과 햇볕 쪼이는 시간(일조시간)의 영향을 받는다. 일조시간이 길어지면 벼의 여뭄에 유리하다. 일조시간은 주로 강우량에 따라 결정되는데, 비 내리는 날과 강우량은 일정하지 않기 때문에 특정한 시기의 일조시간을 예측하는 것이 어렵다. 반면, 우리나라에서 기온은 모내기 후 8월까지 올라가다가 이후에는 내려가는데, 이러한 양상은 해에 따라 크게 변하지 않고 일정하기 때문에 어느 특정 시기의 기온을 예측하는 것이 어느 정도 가능하다. 벼의 여뭄에 가장 좋은 기온은 이삭팬 후 40일간 평균 22~23℃인데, 벼를 많이 재배하는 평야지에서 8월 하순에 이삭이 패면 그 온도에 가깝다. 그러므로 모내는 시기는 봄에 기온이 높아져 모내기가 가능해지는 때가 아니라, 여뭄기간 중 기온이 적당하게 되는 이삭패는 시기를 고려하여 결정하는 것이 중요하다.

〈 비료 주는 표준량과 비료 나누어 주는 비율 〉

지대	논유형	비료 표준 성분량(kg/10a)		
		질소	인산	칼륨
평야지 및 중간지(해발 250m이하)	보통논, 미숙논	9	4.5	5.7
	모래논, 고논	13	5.1	5.1
중산간지(해발 250~400m) 및 냉조풍지	–	9	6.4	7.8
산간고랭지(해발 400m 이상)	–	9	7.7	9.3
간척지	중염도(0.3%)	20	5.1	5.7
	저염도(0.1%)	11	5.1	5.7

구분			밑거름(%)	웃거름(%)		
				줄기거름	이삭거름	알거름
질소	평야지논 중간지논	보통논 미숙논	제때모내기	50	20	30(20)	–
			늦모내기	70	–	30(20)	–
	모래논, 고논			50	20	20	10
	중산간지 및 냉조풍지			60	20	20	–
	산간고랭지			80	20	–	–
	늦모내기			80	–	20	–
	염해논			20	20, 20	20, 10	10
인산				100	–	–	–
칼륨				70	–	30	–

(농촌진흥청, 2015)

(4) 비료주기

비료 주는 양의 결정 방법은 앞에서 설명하였으며, 여기에서는 표준방법에 대하여 설명한다. 해발 250m 이하인 평야지와 중간지의 보통논은 10a당 성분량으로 질소 9kg, 인산 4.5kg, 칼륨 5.7kg을 준다. 이 지역에서 물이 쉽게 빠지는 모래논은 보통논보다 비료 주는 양을 늘려야 한다. 해발 250~400m의 중산간지와 산간고랭지에서는 질소의 양은 평야지와 같으나, 인산과 칼륨을 늘려야 한다. 논에 염분이 있는 간척지에서는 10a당 질소를 많게는 20kg까지 주어야 하며, 평야지보다 인산도 더 주어야 한다. 인산은 밑거름으로 모두 주지만, 질소와 칼륨은 나누어 준다. 질소는 보통 밑거름, 새끼칠거름, 이삭거름으로 나누어 주며, 경우에 따라 알거름을 주거나, 새끼칠거름이나 이삭거름을 주지 않기도 한다. 밑거름은 모내기 전, 새끼칠거름은 모내기 후 14일경, 이삭거름은 이삭패기 전 25~15일, 알거름은 이삭팰 때 준다. 물관리는 〈제7장. 물과 벼 생육의 3. 물관리 방법〉에 설명되어 있다.

〈 손모내기용 성묘 못자리와 모의 크기 비교 〉

물못자리

보온절충못자리

성묘   중묘

2 손모내기재배

(1) 모기르기

　기계모내기재배가 도입되기 전에는 손모내기재배가 내부분이었다. 손모
내기재배에서는 모판에 바로 볍씨를 뿌려 모를 기른다. 손모의 못자리는 물
논상태에서 파종하는 물못자리와 물이 없는 상태에서 파종하는 밭못자리가
있고, 처음에는 물못자리 상태이다가 모가 어느 정도 자라면 못자리 고랑에
만 물을 대주는 절충못자리가 있다. 절충못자리에 터널식으로 비닐을 씌워
모를 기르는 보온절충못자리 방법이 많이 이용된다. 못자리에 ㎡당 80g의
볍씨를 뿌리고 40~50일간 모를 기르는데, 이를 성묘라고 한다. 성묘는 못자
리 기간이 길기 때문에 못자리 ㎡당 질소, 인산, 칼륨을 각각 20, 15, 10g씩
준다. 기계모인 중묘와 어린모는 상자에 많은 모를 키우는 반면, 손모인 성
묘는 못자리에 적은 수의 모를 오래 키우기 때문에 모가 더 크고 튼튼하다.
성묘는 모내기 때가 되면 이미 새끼줄기가 발생해 있다.

〈 손모내기 광경 〉

(2) 모내는 시기와 방법

　모내는 시기는 일반적인 품종의 경우 중부지역은 5월 25일경, 호남지역은 6월 5일경, 영남지역은 5월말~6월상순이 적당하다. 모내기 전 못자리에서 모를 손으로 모가 다치지 않게 1~2개체씩 뽑아 물로 뿌리를 잘 씻은 다음 작은 단으로 묶어 논으로 운반한다. 모내기는 사람들이 일렬로 줄을 지어 주로 못줄을 이용하여 눈금에 맞게 1~3㎝ 깊이로 심는다. 기계모내기는 기계가 일정한 줄 간격과 포기 간격으로 모내기를 하지만, 손모내기에서는 모를 일정한 간격으로 심기 위해 양쪽 논둑변에 못줄을 대고 30㎝(줄사이) 간격으로 일정하게 심는다. 못줄에는 15㎝ 정도 간격(포기사이)으로 표시가 있어, 이 표시에 모를 내면 포기 간격도 일정해진다. 손모내기는 못줄을 잡는 두 사람, 모를 공급해주는 사람, 모내는 사람이 필요하기 때문에 일손이 많이 들고 고된 작업이다. 모내기 후 비료주기, 물관리, 수확 등의 작업은 시기와 방법에서 기계모내기재배와 차이가 있으나, 기본적인 과정은 동일하다.

〈 모내기(이앙)재배와 씨뿌림(직파)재배의 비교 〉

손 모내기(이앙)

기계(이앙기 이용) 모내기

모내기(이앙) 재배

물뺀논흩어뿌림(담수산파)
(배수/담수상태 파종)

물뺀논점뿌림(무논점파)
(배수상태 파종)

마른논점뿌림(건답점파)

씨뿌림(직파) 재배

2. 씨뿌림(직파)재배

1️⃣ 씨뿌림재배란?

벼 씨뿌림재배란 쌀을 생산하기 위한 벼농사에서 종자(볍씨)를 직접 본 논에 뿌려(파종) 재배하는 것을 말한다. 벼 씨뿌림법은 모내기와 다르게 모 기르기(육묘)과정과 모내기(이앙)작업이 없는 벼 재배법이다.

우리나라 벼농사는 고려시대까지 주로 씨뿌림재배를 하였으며 조선시대 초기(15세기)에 처음으로 모내기 방식이 들어왔다. 90년대 WTO 체제로 우 리쌀의 국제경쟁력을 높이기 위하여 다시 씨뿌림재배법을 연구개발하여 농 가에 보급하였으나 싹 키우기(입모), 잡초 및 잡초성벼(weedy rice, 앵미 (red rice)) 방제의 어려움과 쓰러짐(도복), 낮은 수확량, 쌀의 품질(미질)이 떨어지는 등의 문제점으로 재배면적이 크게 감소하였으나 최근 이와 같은 문 제점을 일부 개선한 씨뿌림재배법이 나와 국내외 농가에 보급되고 있다.

〈 모내기(이앙)와 씨뿌림재배(직파)의 작업차이 〉

모내기(이앙)재배-관행

본논 준비	종자 준비	파종	모 기르기 (육묘, 못자리)	운반 (육묘상자)	모내기 (이앙)	가지치기 (분얼기)	어린이삭 형성기 (유수형성기)	이삭배는시기 (수잉기)	이삭패는시기 (출수기)	익는시기 (등숙기)	수확기

작업생략(씨뿌림재배)

씨뿌림(직파)재배-New

본논 준비	종자 준비	파종 (직파)	어린모~ 줄기가지치기	어린이삭 형성기 (유수형성기)	이삭배는시기 (수잉기)	이삭패는시기 (출수기)	익는시기 (등숙기)	수확기

〈 최근 모내기(이앙)와 씨뿌림(직파) 방법의 주요 농작업 차이 〉

주요 작업	모내기(이앙)	씨뿌림 (직파)법	비고
품종선택 및 종자준비	필요	필요	철분코팅 볍씨이용 씨뿌림의 경우 종자소독 생략 가능
파종 또는 씨뿌림법	육묘상자(상토, 부직포, 육묘장 또는 본논)	본논	
모기르기(육묘, 못자리)	중묘(30일), 어린모(8~10일), 치묘(15~20일)	불필요	
육묘상자 이동 및 운반	필요	불필요	
모내기(이앙) 작업	필요	불필요	점파기 또는 산파기 필요

2 씨뿌림재배와 모내기재배의 차이

벼 씨뿌림재배에서는 모내기재배에서 필요한 모 키우기부터 모내기까지의 과정 즉, 상자 파종-모기르기-육묘상자 운반-모내기 작업 등이 생략된다. 씨뿌림재배법은 기계모내기방법과 쌀 수확량은 비슷하지만 노동력이 절감되고 쌀 생산비가 줄어드는 것으로 알려지고 있다. 하지만 씨뿌림재배는 매뉴얼에 따라 본논 초기관리를 잘 지켜야 한다. 즉, 본논 준비의 경우 논 선정, 논둑만들기를 잘 하되 논갈이는 가능한 생략(콤바인 수확작업 과정에서 땅 위에 떨어진 벼 및 잡초종자의 자연상태에서 발아를 시키기 위함)하면서 써레작업은 고르고 정밀하게 하여야 한다. 초기 물관리는 매우 중요하며 제초제는 올바르게 선택하여 알맞은 시기에 살포를 하는 것이 매우 중요하다.

〈 씨뿌림(직파) 재배의 구비요건 〉

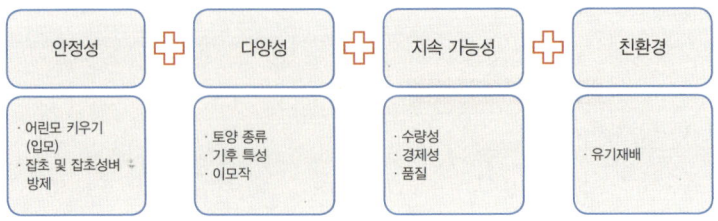

안정성	다양성	지속 가능성	친환경
· 어린모 키우기 (입모) · 잡초 및 잡초성벼 방제	· 토양 종류 · 기후 특성 · 이모작	· 수량성 · 경제성 · 품질	· 유기재배

3 씨뿌림재배의 구비요건

(1) 안정성

벼 씨뿌림재배를 하려면 모내기 수준의 고른 입모(개체수)확보, 잡초 및 잡초성벼 방제, 쓰러짐 방지, 수확량 및 쌀의 품질 등의 안정성이 확보되어야 한다.

(2) 다양성

벼 재배환경은 기상(강우, 온도)과 지역(남부, 중부, 중북부 평야, 중산간지, 산간지), 토양(사질답, 보통답, 습답, 미숙답, 간척지)의 특성, 관개시설(수자원), 돌려짓기(작부체계, 이모작, 조생종 재배지역 등) 등에 따라 적용 씨뿌림재배 기술을 달리 해야 할 경우가 있다. 따라서 마른논, 물뺀논(배수상태), 담수, 친환경 및 유기재배(유기농)기술이 가능한 씨뿌림재배기술을 선택할 수 있어야 한다.

(3) 지속 가능성

씨뿌림재배는 모내기재배와 같이 영속적으로 매년 할 수 있어야 한다. 과거 마른논씨뿌림재배는 2년 이상 계속 재배할 경우 잡초성벼의 발생 때문에 지속적으로 할 수가 없었으며 최근 일반 싹튼볍씨 이용 물뺀논점뿌림(무논점파)재배법도 다년간 할 경우 저항성 잡초와 잡초성벼(앵미) 발생이 문제되어 중단하고 있는 지역이 많다. 따라서 씨뿌림재배도 모내기재배처럼 영속적으로 수년간 지속할 수 있어야 한다.

〈 친환경 유기농 씨뿌림(직파)재배 가능성 〉

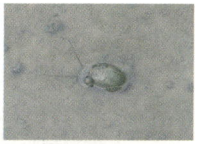

우렁이이용

제초기이용

생분해성 멀칭필름이용

(4) 친환경 유기농재배 가능성

　저비용으로 친환경 유기재배를 하기 위해서는 씨뿌림재배의 3가지 구비
요건을 충족하면서 농가수준에서 친환경적으로 경제성을 고려하여야 한다.
지금까지 잡초방제를 위해서는 왕우렁이, 제초기, 생분해성 필름이용 방법
이 있다. 특히 최근 연구개발되어 보급되고 있는 생분해성 필름을 이용한 멀
칭동시 마른논점뿌림기술에 대한 기대가 높아지고 있다. 현재의 보급된 생
분해성 필름 볍씨부착 롤을 이용한 멀칭 마른논점뿌림 및 물논점뿌림재배는
아직 기술이 확립되지 못하여 빠진 포기수가 많아 기계모내기재배보다 수확
량은 다소 떨어졌으나 생산비용은 기계모내기 수준이어서 가능성이 있었다.
따라서 볍씨부착 공정이 생략될 경우 실용화가 가능할 것으로 보인다.

〈 물논씨뿌림(담수직파)과 마른논씨뿌림(건답직파)의 종류 〉

물논씨뿌림(담수직파)의 종류

물논흩어뿌림(담수산파)

물뺀논점뿌림(무논점파)

마른논씨뿌림(건답직파)의 종류

마른논점뿌림(건답점파)

마른논줄뿌림(건답조파)

4 씨뿌림재배 방법

씨뿌림재배법은 물논(담수)과 마른논(건답)씨뿌림으로 나눌 수 있다.

(1) 물논씨뿌림법(담수직파)

물논씨뿌림법은 물논 조건에서 볍씨를 파종하는 것을 말한다. 이 방법에는 물논흩어뿌림, 물뺀논점뿌림 또는 물뺀논줄뿌림이 있다.

① 물논흩어뿌림법(담수산파)
• 물논흩어뿌림(담수상태 산파) • 물뺀논흩어뿌림(배수상태 산파)
② 물뺀논점(줄)뿌림법(무논직파, 배수 논조건)
• 물뺀논점뿌림(무논점파) • 물뺀논줄뿌림(무논골뿌림, 무논조파)

(2) 마른논씨뿌림법(건답직파)

마른논씨뿌림법은 마른논 조건에서 볍씨를 파종하는 것을 말한다. 이 방법은 마른논줄뿌림, 마른논점뿌림, 마른논흩어뿌림으로 구분할 수 있다.

① 마른논줄뿌림법(건답세조파) ② 마른논점뿌림법(건답점파)
③ 마른논흩어뿌림법(건답산파)

〈 기타 씨뿌림(직파)재배의 종류 〉

물뺀논골뿌림(무논골뿌림)

물뺀논골흩어뿌림

물뺀논흩어뿌림

물뺀논점뿌림(무논점파)

마른논휴립줄뿌림(건답휴립줄뿌림)

마른논골뿌림(건답골뿌림)

45 기타 씨뿌림재배 방법

　기타 씨뿌림재배기술에는 마른논씨뿌림(건답직파)과 물뺀논씨뿌림(담수직파)이 있으며 마른논씨뿌림은 휴립줄뿌림, 부분경운줄뿌림 방법 등이 있다. 물논씨뿌림에서는 물뺀논골뿌림(무논골뿌림)과 마른논조건에서 경운, 정지작업 후 대형 실린더로 V자골을 만든 후 담수하여 산파하는 방법(미국 캘리포니아 지역 등)이 있다. 하지만 이 직파방법은 우리나라 여건에 잘 맞지 않아 보급되지 않고 있다.

(1) 마른논씨뿌림(건답직파)

① 휴립줄뿌림파종(휴립건답조파)

② 부분경운줄뿌림파종(부분경운건답조파)

(2) 물논씨뿌림(담수직파)

① 물뺀논골뿌림(무논골뿌림, 싹튼볍씨 이용 줄뿌림)

② 마른논(건답) V골 만들기+물논흩어뿌림(담수산파, 담수 조건-침종한 볍씨 이용, 미국 캘리포니아 지역)

〈 초기 생육 최적 조건 〉

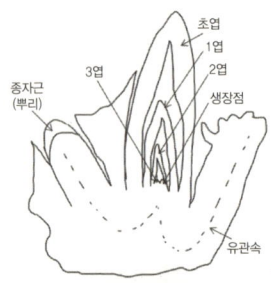

온도	15℃~32℃
물(수분)	초기: 포화 수분조건(발아~싹이 나올 때) 중 · 후기: 담수조건
공기(산소)	초기: 충분한 산소조건(발아~싹이 나올 때)

6 씨뿌림재배 논의 초기 생육 최적조건

벼 씨뿌림재배는 성장한 모(어린모~중묘)를 모내기하는 것과 다르게 종자를 바로 본논에 파종하여 재배함으로 초기 발아-싹의 출현(출아)-어린모의 안전한 생장(입모)과정에서 생리, 생화학적인 환경이 매우 중요하다.

(1) 씨뿌림재배가 가능한 온도

파종시기는 씨를 뿌린 후 발아-출아(싹의 출현)-입모(어린모의 안정적인 생장)과정에서 가능한 안전하게 어린모가 생장이 되도록 파종시기를 알맞은 시기에 하여야 한다. 불가능할 경우 최저 발아 및 출아 온도이상의 시기에 파종작업을 하여야 한다. 온도는 종자가 발아하기 위하여 전분(starch)에서 당(sucrose)으로 분해되는 과정에서 각종 효소가 활성화되기 위하여 반드시 최적온도가 필요하기 때문이다. 벼 씨뿌림재배에서 최저온도는 일평균 13℃이상으로 알려지고 있으며 15℃이상이면 안전한 파종시기이다. 따라서 씨뿌림재배에서 파종시기는 그 지역 일평균온도가 15℃이상일 때가 좋다.

〈 파종직후 물이 고인 부분의 모습 〉

물이 고인 곳

(2) 씨뿌림재배의 본논 초기 알맞은 물(수분) 조건

벼 씨뿌림재배에서 지나치게 물이 많으면(담수 깊이와 담수 기간) 싹이 트고(발아) 나오며(출아), 어린모의 생육과정(입모)에서 혐기성(산소가 없는 조건) 호흡(발효, 알콜화)을 하게 된다. 따라서 종자파종(씨뿌림)과정에서 산소가 부족한 환경(오랜 기간 두꺼운 복토, 담수 등)에서는 정상적인 발아, 출아, 입모가 불가능하다. 벼 종자의 수분 흡수는 볍씨를 물에 담그면 물의 삼투작용에 의해 일어난다. 종자의 흡수에 관여하는 요인은 종자의 씨젖(배유) 내 조성, 용액(물)의 농도, 종자겹질(종피)의 불투과성, 물의 공급량, 온도에 의해 영향을 받는다. 일반적으로 온도가 높으면 물의 흡수속도가 빨라진다. 마른논씨뿌림재배에서 파종후 초기 싹의 출현까지 토양수분은 논이 촉촉한 정도가 가장 좋기 때문에 배수골에만 물을 대어 포화수분으로 유지해 주는 것이 가장 좋다.

〈 산소 조건에 따른 출아묘의 생장 차이 〉

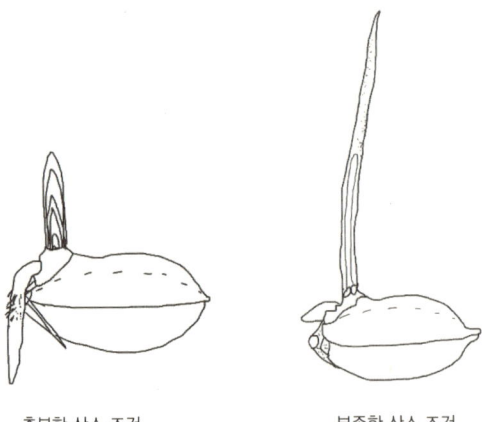

충분한 산소 조건   부족한 산소 조건

(3) 씨뿌림재배와 산소(O_2)

벼 종자가 정상적으로 발아하기 위해서는 충분한 산소가 필요하다. 대기 중의 공기는 산소(O_2) 20%, 질소(N) 80%, 이산화탄소(CO_2) 0.03%로 구성 되어 있으며 산소의 농도가 20%이하로 떨어지면 발아는 감소한다. 벼 종자 는 산소가 없는(혐기성) 상태에서도 발아 할 수 있으나 비정상적인 형태로 자란다. 따라서 씨뿌림재배에서는 파종 시 또는 파종 후 비가 오거나 물이 들어와 논바닥의 깊은 곳이 물에 잠기게 되어 오래 두면 산소부족으로 정상 적인 발아가 어렵다. 또한 물논씨뿌림재배에서 물속에서도 산소발생을 돕기 위하여 칼파(산화칼슘, CaO)코팅 볍씨를 이용하여 시도하였으나 널리 실용 화 되지는 못하였다.

〈 마른논씨뿌림(건답직파)재배에서 일평균 온도와 싹의 출현일수 〉

(영남작물시험장, 1992)

온도	일평균 온도(℃)					
	11	13	15	17	19	21
싹이 땅위로 나오는 데 걸리는 기간	19일	17일	15일	13일	11일	9일

7 씨뿌림재배와 농업생태 환경

(1) 기상환경

벼 씨뿌림재배는 지역별 온도와 미세기상에 따라 파종시기, 품종선택, 씨뿌림방법을 다르게 적용하여야 한다. 우리나라 씨뿌림재배 파종시기의 농업기상은 주로 온도와 강우의 영향을 많이 받는다. 온도는 파종시기의 일 최저기온과 평균기온을 고려하여 파종하는 것이 좋다. 일반적으로 파종시기는 일 평균기온이 13~15℃일 때가 안전하다. 파종 후 하루 중(밤)의 최저온도가 6~8℃로 떨어질 경우 저온 스트레스를 받아 저온피해(잎, 줄기, 뿌리 조직세포 등)를 받거나 정상적인 발아, 출아, 어린모 생장생육이 어렵다. 며칠 후 온도가 다시 올라가도 정상적인 생육이 어려우며 회복되는데 상당한 기간이 걸리거나 죽게된다. 특히 물논씨뿌림재배는 이 온도를 지키는 것이 좋다. 파종기 강우(비)에 따라서도 씨뿌림방법을 다르게 적용하여야 한다. 마른논씨뿌림의 경우 파종시기에 강우가 잦으면 작업을 제때에 할 수 없거나 시기를 놓칠 수도 있어 특히 유의하여야 한다. 또한 수확시기도 고려하여 품종과 씨뿌림 시기를 정하여야 한다.

〈 우리나라 논토양 유형별 면적 〉

구분	논토양 유형					
	보통답	사질답 (모래함량이 많은 논)	습답 (물논)	미숙답	염해답 (간척지논)	특이 산성답
100% (964천 ha, 수리답, 2013)	32%	32%	9%	23%	4%	0.2%

※ 자료:농림축산식품주요통계, 2015

(2) 토양환경

우리나라 논토양은 일반적으로 보통답, 사질답, 습답, 미숙답, 염해답, 특이 산성답으로 분류하고 있다. 씨뿌림재배에 알맞은 논은 보통논으로 물 대고 빼는 시설이 양호하여 관배수가 편리한 논이 좋다. 사질답은 물빠짐이 쉽고 양분 용탈이 심하여 물관리 등에 유의하여야 한다. 습답은 물이 고여 있어 배수골을 만들어 파종된 볍씨가 싹트는 시기에 7일 이상 물속에 잠겨있지 않도록 하여야 한다. 미숙답은 지력이 낮아 생육 중·후기에 양분관리를 잘 하여야 한다. 염해답은 염농도가 높기 때문에 물 갈아 주기를 통한 발아, 출아, 어린모의 생장을 꾀하여야 한다. 특이 산성답은 황산염이 집적되어 있어 씨뿌림을 피하거나 물 갈아 주기를 통하여 피해를 줄여야 한다.

(3) 위도

우리나라의 위도범위는 북위 33~38°로 비교적 벼 재배에 알맞고 씨뿌림 재배가 가능하다. 하지만 강원, 경기 등 고위도 중산간 및 산간 지역은 씨뿌림재배의 방법과 시기, 품종(조만성)을 잘 선택하여야 한다.

〈 씨뿌림(직파)재배에 알맞은 벼 품종 〉

(농촌진흥청, 2015)

구분		조생종	중생종	중만생종
밥쌀용	최고품질			호품
	고품질		안산, 주안	농호, 대산, 동안, 동진1호, 동진2호, 주안1호, 청담, 평안, 호안, 황금노들, 화랑, 화명
특수미	사료용 (총체벼)		녹양	목우, 목양
	밭벼		상남밭벼, 농림나1호	

8 씨뿌림재배에 맞는 품종, 파종량 및 종자준비

(1) 품종선택

　벼 품종선택은 가능한 씨뿌림 전용 품종으로 국가품종목록에 등록이 되어 있는 것(농안, 안산, 주안, 대산, 동진1호, 동진2호, 주안1호, 평안, 호안, 황금노들, 화랑, 화명)을 선택하는 것이 좋다. 하지만 모내기재배에 등록되어 있는 품종도 씨뿌림재배 ①물뺀논점뿌림(철분코팅볍씨이용) ②물뺀논흩어뿌림(철분코팅볍씨이용) ③물뺀논점뿌림(복토재이용 복토) ④마른논점뿌림(싹튼볍씨씨뿌림후 배수골 관개)를 하고 매뉴얼에 준하여 관리를 할 경우 충분히 가능하다는 것이 최근 농가실증시험을 통하여 알려지고 있다. 벼 품종은 가능한 최고품질 벼 품종을 선택하고 수확시기를 고려한 돌려짓기(작부체계, 이모작 등), 유통 및 판매시기 등에 맞추는 것이 좋다. 목우, 목양 등은 최근 가축(소)사료용으로 개발된 벼(총체 벼) 품종으로 씨뿌림재배도 가능한 것으로 알려지고 있다. 또한 기능성, 가공용, 다수성 품종도 씨뿌림재배가 유용할 것이다.

〈 씨뿌림(직파)재배에 알맞은 파종량 〉

(농촌진흥청 국립식량과학원, 2010)

파종량 (kg/10a)	입모수 (개/㎡)	입모율 (%)	포장도복 (0~9)	쌀수확량 (kg/10a)
2	61	71	1	516(100)
3	85	66	2	558(108)
4	118	68	3	554(107)
5	149	69	4	554(107)

(2) 파종량

  벼 파종량은 기상, 지역, 토양비옥도, 품종특성, 씨뿌림방법, 양분관리, 이모작 등에 따라 다르게 적용하여야 한다. 일반적으로 물뺀논씨뿌림(무논직파)재배에 알맞은 파종량은 10a당 4kg이다. 물뺀논흩어뿌림(담수산파)과 마른논씨뿌림(건답직파)에도 같은 파종량을 적용하면 된다. 이는 논에서 출현하는 모의 개체수(입모수)가 ㎡당 80~120개 정도가 적합하기 때문이다. 파종된 총 종자수의 68%가 발아하고 싹이 터서 정상적인 어린모로 자라면 ㎡당 80~120개 정도가 된다. 그러나 씨뿌림재배를 할 논의 특성 등을 고려하여 적정 파종량을 정하는 것이 좋다. 파종량이 너무 많으면 병해충이 발생하고 벼가 쓰러지기(도복) 쉽고 파종량이 너무 적으면 이삭수와 벼알수가 적어지므로 수확량 감소의 원인이 된다.

〈 종자의 충실도에 따른 발아 특성 〉

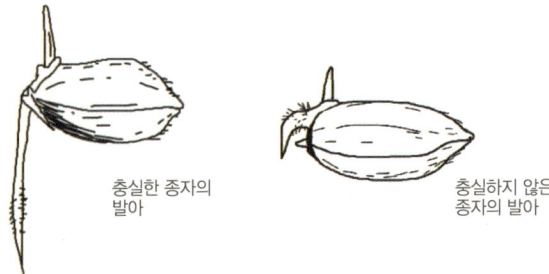

충실한 종자의
발아

충실하지 않은
종자의 발아

〈 까락제거기이용 깨끗한 볍씨 준비 모습〉

(3) 종자준비

① 일반 종자

씨뿌림재배에 사용하는 일반종자는 충실한 종자를 사용하여야 어린 잎과 뿌리의 정상적인 생장이 가능하다. 따라서 종자로 사용할 볍씨는 다음과 같은 준비과정을 거치는 것이 좋다.

- 잡초방제가 잘 되고 병에 걸리지 않고 쓰러짐이 없는 논의 고품질 벼를 선정한다.
- 알맞은 시기에 수확한 벼를 적온(40℃)에서 건조를 시킨다.
- 볍씨에 붙어 있는 까락과 이물질을 없앤다.
- 충실한 볍씨를 소금물 또는 물에 담가 가린다.
- 물에 가라앉은 충실한 볍씨만 골라 종자로 사용한다.
- 국립종자원에서 공급하는 종자를 사용할 수도 있다.

〈 일반 종자와 코팅 종자 〉

  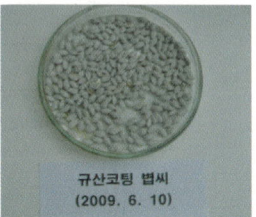

일반 종자   철분코팅 종자   규산코팅 종자

② 코팅 종자

씨뿌림재배에 사용하는 코팅종자는 철분코팅, 칼파(산화칼슘, CaO)코팅, 규산코팅 등이 있다. 일본과 우리나라에서 최근 많이 활용되고 있는 코팅종자는 철분코팅볍씨이다.

철분코팅볍씨는 일반종자에 철분을 입혀 종자를 무겁고 단단하게 한 것으로 새(조류) 피해를 방지하고 씨뿌림 후에 비가 오거나 물을 댈 때 볍씨가 이동되는 것을 막아 준다. 어린모가 물속에서 자랄 때 제대로 뿌리를 내리지 못한 벼가 뜨거나 강한 바람에 의해 어린모가 논둑으로 몰리는 것을 방지해 주는 장점이 있다. 볍씨를 철분코팅하는 법은 다음 페이지와 같다.

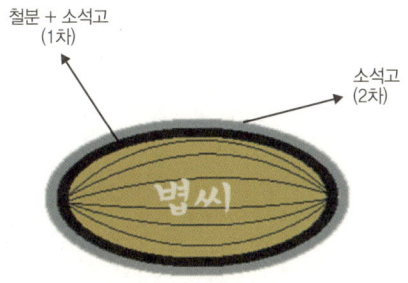

〈 철분코팅볍씨 〉

철분 + 소석고
(1차)

소석고
(2차)

볍씨

9 철분코팅 볍씨(종자) 만드는 법

(1) 정의

철분(Iron powder) 코팅직파란 가벼운 볍씨에 무거운 철분(비중 7, 100㎛ 이하)과 소석고($CaSO_4 \cdot 1/2\ H_2O$, 접착 기능)를 혼합하여 종자를 두텁게 입히는 것을 말한다.

(2) 이론과 원리

철분으로 종자표면에 소석고와 혼합하여 코팅하였을 때 철분이 종자의 표면에서 녹이 슬며(산화), 녹이 풀의 역할을 하는 원리이다.

소석고는 산화촉진제 역할을 하며 아울러 코팅작업 직후 발열하게 하여 산소(O_2)가 흡수되게 하는 원리이다. 철(Fe)은 구리(Cu), 은(Ag)과 같이 금속이온으로 항균, 소독역할을 하여 키다리병, 유묘병, 종자썩음병 등의 방지 역할을 한다.

〈 철분코팅종자가 토양표면에 박힌 모습 〉

(3) 특·장점

볍씨가 무겁고 딱딱하여 써레질(무논써레)한 물 논에 바로 파종하여도

① 볍씨가 무거워 물을 빼고 파종할 경우 땅속에 박히거나 고정된다.

② 뿌리(지하부)가 땅에 잘 내리고 왕성하게 자라며 초기 생육(지상부-
잎, 줄기)이 좋다.

③ 새(참새, 오리, 비둘기 등) 피해가 거의 없다.

④ 파종 후 비가 오거나 물을 대어도 모가 물에 뜨지 않고 바람에
의해 논둑 한쪽으로 몰리지 않는다.

⑤ 초기 어린모(벼)의 출아 및 입모율을 높이는 기술이다.

⑥ 담수상태에서 파종하거나(담수산파) 파종 후 담수(무논점파)를 할 수
있어 잡초, 잡초성벼(앵미)의 발생이 억제되고 또한 제초제를 살포하
여 효과적인 잡초 및 잡초성벼(앵미)방제를 할 수 있다.

⑦ 볍씨 종자소독을 하지 않아도 된다.

⑧ 벼 키다리병 등 유묘병의 발생이 경감된다.

⑨ 코팅작업이 간단하며 비용이 싸다.

〈 철분코팅 비율 〉

구 분		철분코팅 비율 0 . 5배 기준			비 고
		종자량 5kg (10a)	종자량 20kg (40a)	종자량 50kg (1ha)	
혼합(1차)	철분(kg)	2 .5	10.0	25	-
	소석고(kg)	0.25	1.0	2.5	철분 무게의 10%
소석고 (kg, 2차 혼합)		0 .125	0.5	1.25	철분 무게의 5%

종자는 까락 및 이물질을 반드시 제거하며 잡벼, 잡초성벼(앵미)가 혼합되지 않은 종자용 볍씨를 염수선 또는 수선을 하여 준비한다. 종자량은 마른종자의 무게와 철분 무게비를 1:0.5(표준)기준으로 한다. 단, 새(조류) 피해가 많은 산간지역 등에서는 그 비를 1:1까지 높여도 된다.

소석고 량은 1, 2차로 준비하며 1차 소석고 량은 철분무게의 10%, 2차 소석고 량은 철분무게의 5%로 각각 준비한다.

〈 볍씨와 철분, 소석고 〉

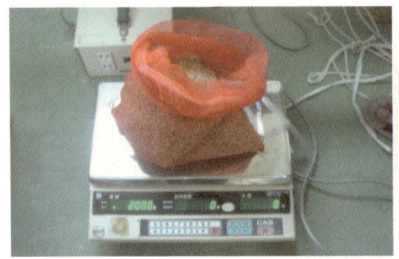

(4) 코팅작업 과정

① 1단계: 볍씨, 철분, 소석고를 준비한다.

- 볍씨를 준비한다.

- 철분과 소석고를 준비한다.

② 2단계: 종자를 침종시킨다.

- 볍씨를 상온(15℃)의 물에 3일간(72시간) 침종시킨다.

- 침종을 시키는 목적은 종자가 3일간 물을 흡수하면 종자 내(배유) 저장
  양분의 가수분해 과정에서 효소활성화(생리, 생화학적)를 통하여 발아
  과정이 시작되기 때문이다.

※침종 후 종자는 싹이 트지 않고 효소활성만 일어나도록 한다.

〈 코팅작업 과정 〉

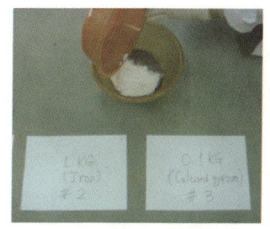  

③ 3단계: 철분코팅 작업을 한다.

- 볍씨의 물을 뺀다.

- 철분(1차)+소석고(1차) 혼합시킨다.

- 코팅기에 볍씨를 넣는다.

- 혼합한 철분(1차)+소석고(1차)를 붓는다.

- 코팅기를 회전시키면서 수 분간 코팅작업을 한다.

- 코팅작업을 하면서 물뿌리개(스프레이)를 이용하여 골고루 물을 뿌리면서 작업을 한다. 수 분간 작업 후에 코팅기를 멈춰 코팅정도를 확인하여 1차 코팅작업을 종료한다.

※ 유의 사항

• 플라스틱 책받침 등을 이용하여 가장자리 볍씨에 철분이 골고루 섞이도록 한다.

• 스프레이어를 이용하여 물을 골고루 뿌려주면서 한다.

• 마스크와 장갑을 반드시 착용한다.

〈 철분코팅 점검 및 물 뿌림작업 〉

〈 철분코팅이 잘된 종자의 모습(윤이 나고 반질반질하게 함) 〉

- 마지막 소석고를 이용하여 1차 철분코팅이 된 볍씨 위에 가지런히 붓고 마무리 코팅작업을 한다. 이때에도 수분부족을 막기 위하여 스프레이를 이용하여 물을 골고루 분무하면서 코팅작업을 한다.

- 몇 분후에 코팅기를 멈추어 코팅작업이 매끈하고 잘 되었을 때 코팅기를 멈춘다. 코팅이 윤이나고 반질반질하게 잘 되었는지 확인을 한다.

- 2차 소석고를 붓고 코팅기를 회전시킨다. 코팅작업을 하면서 물뿌리개 (스프레이)를 이용하여 골고루 물을 뿌리면서 작업을 한다. 수 분간 작업 후에 코팅기를 멈춰 코팅정도를 확인하여 1차 코팅작업을 종료한다. 이 과정에서도 수분부족을 막기 위하여 스프레이를 이용하여 물을 골고루 분무하면서 코팅작업을 한다.

- 몇 분후에 코팅기를 멈추어 코팅작업이 매끈하고 잘 되었을 때 코팅기를 멈춘다.

〈 철분코팅볍씨의 건조, 물뿌림 및 보관 〉

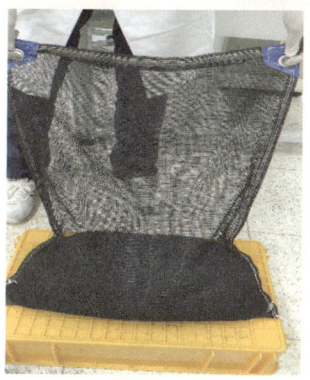

④ 4단계: 건조–스프레이–건조–보관방법

- 철분코팅된 볍씨를 얇고 고르게 편다(육묘상자 또는 비닐깔판 이용).

- 3일간 오전, 오후에 한 번씩(2회/일) 스프레이어로 발열방지를 위하여
  반드시 물을 뿌려 준다. 다단식 컨테이너를 이용하여도 된다.

- 3일(72시간)이 지난 후 건조된 볍씨를 망사자루, 포대, 톤백(대규모
  논, 들녘경영체 등) 등에 담아 그늘지고 서늘한 곳에 보관한다.

- 철분코팅작업은 농한기(파종 1~6개월 전)를 이용하여도 된다.

- 철분코팅된 볍씨는 파종적기에 맞추어 사용한다.

〈 물논씨뿌림재배 알맞은 파종시기 〉

(농촌진흥청 국립식량과학원, 2010)

지역별	조생종 (월.일)	중생종 (월.일)	중만생종 (월.일)
중북부	5.1~5.25	5.1~5.20	5.1~5.15
중부	5.1~5.30	5.1~5.25	5.1~5.20
남부	5.1~6.1	5.1~5.30	5.1~5.25

10 파종시기

씨뿌림재배 파종시기는 지역, 위도, 기후대, 기상, 품종, 씨뿌림방법, 이모작 등의 여건을 종합적으로 고려하여 정하여야 한다. 물뺀논씨뿌림(무논 및 담수직파)재배의 경우 그 지역 일평균 온도가 15℃ 이상일 때 파종하는 것이 안전하다. 마른논씨뿌림재배도 싹튼볍씨를 파종하는 마른논점뿌림(건답점파)의 경우 15℃ 이상일 때 파종하면 싹이 빠르고 고르게 올라오며 어린모의 개체수가 충분히 확보된다. 따라서 싹튼볍씨를 이용하여 마른논 상태에서 점파한 후 배수골 사이로 바로 물을 대어 주는 마른논점뿌림방법은 물뺀논 씨뿌림재배와 파종시기를 같게 하여도 된다. 그러나 마른논점뿌림은 5월 중순경 비가 자주 올 경우에는 파종을 할 수 없기 때문에 파종시기를 다소 앞당기는 것도 고려하여야 한다.

〈 콤바인 수확작업 후 떨어진 벼 종자 모습 〉

콤바인 A(수확작업과 벼종자가 떨어진 모습)

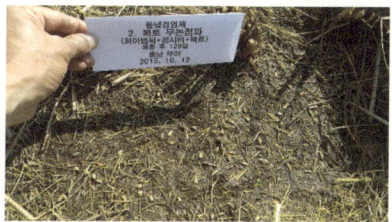

콤바인 B(수확작업과 벼종자가 떨어진 모습)

11 씨뿌림재배의 논준비 유의사항

(1) 논갈이(경운)의 문제점

벼를 콤바인으로 수확하면 벼와 잡초종자가 떨어지기 때문에 씨뿌림재배에서는 논갈이를 생략하는 것이 잡초방제에 유리하다. 이런 상태에서 논갈이를 하면 떨어진 벼와 잡초종자가 땅속 깊이 들어 간 후 써레질 작업에 의해 논의 표면이나 얕은 흙속으로 이동되어 쉽게 발아한다. 따라서 경운을 하지 않고 4월 하순~5월 상순까지 방치해 두면 강우(비), 고온에 의해 자연적으로 발아되고 자라던 잡초는 써레질에 의해 땅속으로 묻혀 생장이 어렵게 된다. 과거 축력이나 경운기로 논갈이를 하면 5~12㎝ 정도의 깊이까지 땅을 갈수 있었으나, 트랙터를 이용하면 15㎝이상 깊이까지 써레질 작업이 되기 때문에 자라던 잡초를 깊게 묻을 수 있다.

〈 씨뿌림(직파)재배와 정밀하고 고른 논바닥 고르기 작업 〉

써레작업기이용 고른 물논써레작업

레이저균평기이용 정밀한 평탄작업

(2) 정밀한 균평작업의 중요성

　논바닥 정밀 균평작업(정밀한 논 고르기)은 씨뿌림(직파)과 모내기 및 우렁이농법 등 모든 벼재배에서 매우 중요하다. 그러므로 벼 재배시 특히 씨뿌림재배는 논바닥을 가능한 정밀하게 균평작업을 해야 한다. 최근 일부지역에서는 정밀균평작업의 효과가 인정되어 5년 1회 주기로 모를 내기 전이나 씨를 뿌리기 전에 레이저균평기를 이용하여 정밀한 논바닥 균평작업을 하고 있다. 가능한 정밀한 논바닥 균평작업이 되도록 물논써레작업기로 고르게 하여야 한다.

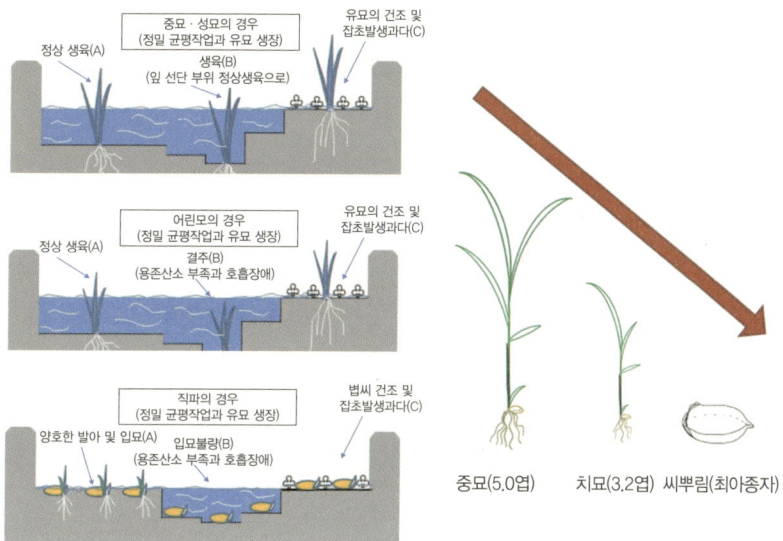

〈 벼 재배유형별 및 어린모에 따른 정밀균평작업의 중요성 〉

　　벼의 재배방법에 따라 논바닥 정밀균평작업의 중요성 정도도 다소 달라진다. 중묘 기계모내기의 경우 모의 키가 15~18㎝(엽수: 5.0)로 크기 때문에 논바닥이 다소 균일하지 않더라도 깊은 물에 심긴 벼는 잎 끝이 물 위로 올라오므로 정상적인 생장생육이 가능하다. 그러나 어린모를 모내기 하면 모의 키가 5~8㎝(엽수: 3.2)로 작기 때문에 물이 깊은 곳에 모내기된 벼는 얕게 심기거나 제대로 심기지 않아 뿌리가 토양 속에 박히지 못하고 물위로 뜨게 된다. 하지만 씨뿌림재배는 볍씨를 바로 파종하기 때문에 깊은 부위에 파종된 볍씨는 물이 잘 빠지지 않은 상태로 장기간(7일 이상) 방치될 경우 산소 부족으로 정상적인 호흡과 발아 및 생장과정을 거치지 못하고 죽게 된다. 따라서 중묘 모내기(이앙)→어린모 모내기(이앙)→씨뿌림(직파)재배로 갈수록 정밀하고 고른 논바닥의 균평작업이 필요하다.

〈 씨뿌림(직파)재배 방법별 파종과 초기 생육관리 비교 〉

물 조건	씨뿌림재배의 방법	볍씨 상태	파종후 볍씨상태 및 초기 물관리
물논	물뺀논점뿌림(무논점파)	싹튼볍씨	물뺀상태 점뿌림 후 10일간 말림
			물뺀상태 점뿌림과 동시에 복토(입상 상토) −1일 또는 3일 후 담수(얕게, 7일간)
		철분코팅 볍씨	물뺀상태 점뿌림−1일 또는 3일 후 담수 (얕게, 7일간)
	물논흩어뿌림(담수산파)	싹튼볍씨	물뺀상태 파종−파종후 10일간 말림
		철분코팅 볍씨	담수상태 파종−7일후 완전 배수(3일간)
			물뺀상태 파종−1일 또는 3일 후 담수 (얕게, 7일간)
마른논	점뿌림(건답점파)	싹튼볍씨	파종직후 배수골 물대기 및 출아후 담수(얕게)
	줄뿌림(건답조파)	마른볍씨	배수골에 물을 대거나 그대로 둠 −출아 후 담수 (얕게)

12 씨뿌림재배 방법별 비교

씨뿌림(직파)재배의 유형은 크게 파종작업 시 물의 유무에 따라 물논씨뿌림(담수직파)과 마른논씨뿌림(건답직파)으로 크게 나눌 수 있다. 물논씨뿌림(담수직파)은 파종방법에 따라 물뺀논점뿌림(무논점파)과 물뺀논 또는 물논흩어뿌림(담수산파)으로 나누어진다. 마른논씨뿌림(건답직파)도 파종방법에 따라 점뿌림(건답점파)과 줄뿌림(건답조파)으로 구분한다. 파종당시 종자준비 방법에 따라 일반 싹튼(최아)볍씨와 볍씨를 코팅(철분, 규산, 칼파 등)하여 직파하는 방법이 있다.

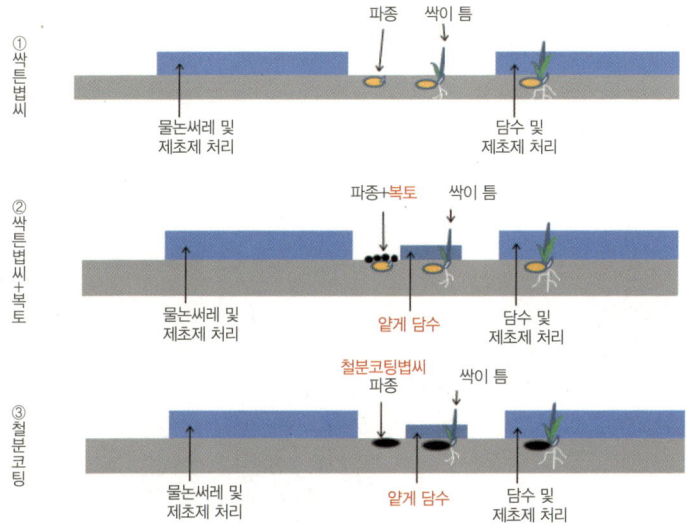

〈 물뺀논점뿌림(무논점파) 재배 방법별 초기 농작업기술 체계〉

(1) 물뺀논점뿌림(무논점파)재배

• 물뺀논점뿌림재배는 논갈이를 하지 않는 것이 좋다.

• 직파 5~7일 전 써레작업을 고르게 하고 초기 제초제(참일꾼, 초스탑, 노
난매 등)를 살포한다.

• 직파 1일 전(보통답 기준) 논물을 완전히 뺀다.

• 싹튼볍씨를 이용하여 물뺀논점뿌림기계로 파종을 한다. 완효성비료를 이
용하여 측조(줄)시비와 직파전용피복비료를 이용하여 점시비도 할 수 있
다. 일반 밑거름을 전면에 줄 경우 물논써레작업 전에 골고루 잘 뿌린다.

• ①방법은 직파작업 후 10일간 물을 대지 않는다. 단, 토양표면이 너무 마
를 경우 4~5일 후 물을 대고 빼서 토양수분을 유지한다. ②와 ③방법은
파종 후 1~3일 사이 얕게 관개를 5~7일간 하고 3일간 물을 뺀다.

• 벼키가 3~5㎝정도 자랐을 때 완전히 담수한 후 중기 제초제(다관왕, 애니
풀, 풀다벤이티 등 부록 참조)를 살포한다.

〈 물뺀논점뿌림(무논점파) 재배 방법별 파종작업 및 초기 생육 〉

① 싹튼볍씨

② 싹튼볍씨+복토

③ 철분코팅

① 물뺀논점뿌림(무논점파)재배 방법별 파종작업 및 초기 생육

물뺀논점뿌림(무논점파)재배 방법은 크게 싹튼볍씨이용, 싹튼볍씨+복토 (벼농사용 입상 상토 등 복토재이용), 철분코팅볍씨 이용에 따라 본논 초 기관리기술에서 차이점이 있다.

- ①방법은 싹튼볍씨를 파종하여 눌러줌으로 파종직후 물을 대면 볍씨 가 땅속 깊게 묻히거나 가벼운 볍씨가 물에 이동할 수 있어 일반적으로 10일간 논을 말린다.
- ②방법은 싹튼볍씨 위에 벼농사용 입상 상토로 덮어 줌으로 파종후 바 로 물을 댄다.
- ③방법은 철분코팅볍씨를 이용하여 파종하므로 파종직후 ②방법과 같 이 바로 물을 대어 초기관리를 한다.

〈 물뺀논점뿌림(무논점파)재배 방법별 장단점 비교 〉

유형	장점	단점
①물뺀논점뿌림재배 (싹튼볍씨이용)	–물뺀논점뿌림(무논점파) 재배 중 가장 간편하다.	–새(조류)피해 발생 우려 –파종직후 건조 피해 발생 우려 –10일간 말릴경우 토양표면의 갈라 진 틈으로 잡초, 잡초성벼 등의 발생 우려 (벼 생육 중, 후기)
②물뺀논점뿌림재배 (싹튼볍씨 및 복토재이용복토)	–직파 후 1~3일 내 담수하여 잡초, 잡초성벼 관리가 쉬움 –새(조류) 피해 방지 가능 –파종 후 건조 피해 방지 가능	–복토재 구입비용 발생 –①유형보다 작업 시간이 길며 초기 직파기구입가격이 비싸다 (복토재 공급).
③물뺀논점뿌림재배 (철분코팅볍씨이용)		–철분코팅 재료 구입비용 발생 –철분코팅작업이 필요

② 물뺀논점뿌림(무논점파)재배 방법별 장단점 비교

• 물뺀논점뿌림재배(싹튼볍씨이용)는 무논점파 중에 가장 간단하지만 파종 후 새피해와 건조 피해 발생이 우려되며 특히 파종 후 10일간 말릴 경우 벼 생육 중, 후기에 토양표면의 갈라진 틈으로 잡초, 잡초성벼 등의 발생이 우려된다.

• 물뺀논점뿌림재배(싹튼볍씨 및 복토재이용 복토)는 직파 후 1~3일 내 담수하여 잡초, 잡초성벼 관리가 쉬우며 새(조류) 피해와 건조 피해를 줄일 수 있다. 반면 복토재와 복토장치가 추가적으로 필요하다.

• 물뺀논점뿌림재배(철분코팅볍씨이용)는 물뺀논점뿌림재배(싹튼볍씨 및 복토재이용 복토)와 같이 직파 후 1~3일 내 담수하여 잡초, 잡초성벼 관리가 쉬우며 새(조류) 피해와 건조 피해를 줄일 수 있다. 그러나 철분코팅 재료, 코팅기 및 코팅작업이 필요하다.

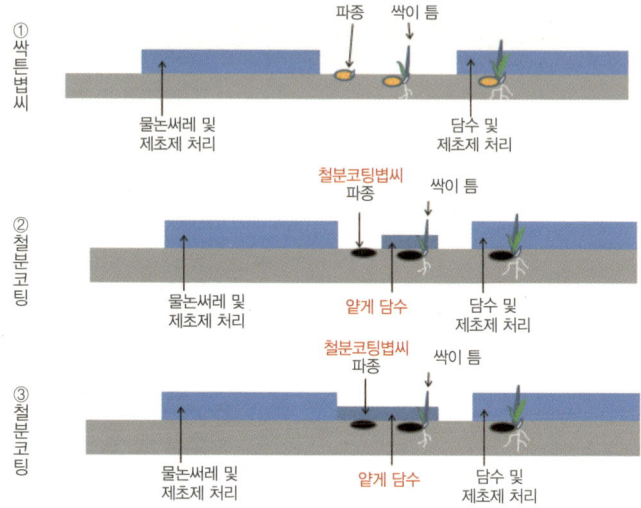

〈 물논흩어뿌림재배(싹튼볍씨이용) 초기 농작업기술 체계〉

(2) 물논흩어뿌림(담수산파)재배

- 물논흩어뿌림재배는 논갈이를 하지 않는 것이 좋다.
- 직파 5~7일 전 밑거름을 전면에 뿌린 후 물논써레를 고르게 하고 초기 제 초제(참일꾼, 초스탑, 노난매 등)를 살포한다.
- ①, ②방법은 직파 1일 전 논물을 완전히 빼며 ③방법은 논을 담수상태로 둔다.
- ①방법은 싹튼볍씨, ②와 ③방법은 철분코팅볍씨를 이용하여 흩어뿌림기 계(동력분무기, 무인헬기 등)나 손으로 골고루 흩어 뿌린다.
- ①방법은 직파작업 후 10일간 물을 대지 않는다. 단, 토양표면이 너무 마를 경우 4~5일 후 물을 대고 빼서 토양수분을 유지한다. ②와 ③방법은 파종 후 1~3일 사이 얕게 관개를 7일간 하고 3일간 물을 뺀다.
- 벼키가 3~5㎝정도 자랐을 때 완전히 담수한 후 중기 제초제(다관왕, 애니 풀, 풀다벤이티 등 부록 참조)를 살포한다.

〈 물논흩어뿌림(담수산파)재배 파종작업 및 초기 생육 〉

① 싹튼볍씨

② 철분코팅

① 물논흩어뿌림(담수산파)재배 방법별 파종작업 및 초기 생육

물논흩어뿌림(담수산파)재배 방법은 크게 싹튼볍씨와 철분코팅볍씨 이
용에 따라 본논 초기관리기술에서 차이점이 있다. 파종작업은 손, 미스트
기, 농업용무인헬리콥터 등을 이용하여 골고루 정밀하게 파종한다.

• ①방법은 싹튼볍씨를 이용하여 파종하며 파종직후 물을 대면 가벼운
  볍씨가 물에 따라 이동할 수 있어 어린모 뿌리가 내릴 때까지 일반적으
  로 10일간 논을 말린다. 너무 토양표면이 건조할 경우 파종 후 4~5일
  경 얕게 물을 대어 수분을 공급해 준다.

• ②방법은 철분코팅볍씨를 이용하여 파종하므로 파종직후 바로 물을
  대거나 담수상태에서 파종을 한다. 담수상태에서 파종을 하여도 무거
  운 볍씨가 땅위에 고정되어 뜨지 않는다.

〈 물논흩어뿌림(담수산파)재배 방법별 장단점 비교 〉

유 형	장 점	단 점

①물뺀논
흩어뿌림재배
(싹튼볍씨이용)
	−물논흩어뿌림(담수산파)
	재배 중 가장 간편하다.
		−새(조류)피해 발생 우려
		−파종직후 건조 피해 발생 우려
		−10일간 말릴경우 토양표면의 갈라
		  진 틈으로 벼 생육 중·후기 잡초,
		  잡초성벼 등의 발생 우려
		−싹이 자란 후 담수하여 바람이 강하게
		  불때 어린모가 논둑으로 몰림

②물뺀논
흩어뿌림재배
(철분코팅볍씨이용
배수상태 파종)
	−직파 후 1~3일 내 담수하여 잡초,
	  잡초성벼 관리가 쉬움
	−새(조류) 피해 방지 가능
	−파종 후 건조 피해 방지 가능
	−싹이 자란 후 담수하여 바람이 강하게
	  불어도 어린모가 논둑으로 몰리지 않음
		−철분코팅 재료 구입비용 발생
		−철분코팅작업이 필요

③물논
흩어뿌림재배
(철분코팅볍씨이용
담수상태 파종)
	−담수상태 직파를 한 후 7일간 담수하여
	  잡초, 잡초성벼 관리가 보다 쉬움
	−새(조류) 피해 방지 가능
	−파종 후 건조 피해 방지 가능
	−싹이 자란 후 담수하여 바람이 강하게
	  불어도 어린모가 논둑으로 몰리지 않음	

② 물논흩어뿌림(담수산파)재배 방법별 장단점 비교

• 물뺀논흩어뿌림재배(싹튼볍씨이용)는 담수산파 작업과정이 가장 간단
  하지만 파종 후 새피해와 건조 피해 발생이 우려되며 특히 파종 후 10
  일간 말릴 경우 토양표면의 갈라 진 틈으로 잡초, 잡초성벼 등의 발생
  이 우려된다.

• 물뺀논흩어뿌림재배(철분코팅볍씨이용 배수상태 파종)는 직파 후 1~3일
  내 담수하여 잡초, 잡초성벼 관리가 쉬우며 새(조류) 피해와 건조 피해를
  줄일 수 있다. 반면 철분코팅 재료, 코팅기 구입과 코팅작업이 필요하다.

• 물논흩어뿌림재배(철분코팅볍씨이용 담수상태 파종)는 담수상태에서
  파종 후 7일간 담수하므로 잡초, 잡초성벼 관리가 보다 쉬우며 새(조
  류) 피해와 건조 피해를 줄일 수 있다. 반면 철분코팅 재료, 코팅기 구
  입과 코팅작업이 필요하다.

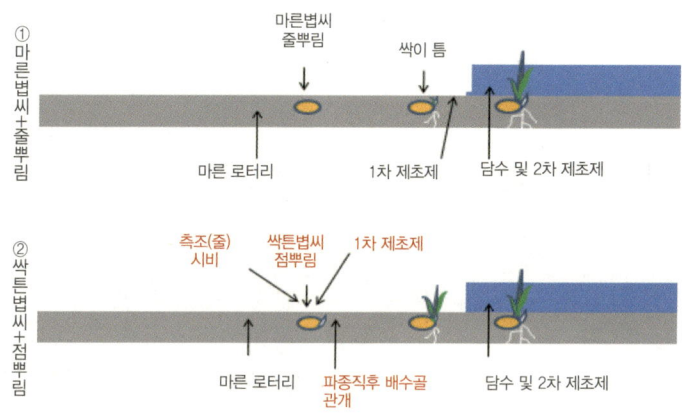

〈 마른논씨뿌림(건답직파)재배 초기 농작업기술 체계〉

(3) 마른논씨뿌림(건답직파)재배

• 마른논씨뿌림재배는 가능한 논갈이를 하지 않는다.

• 직파 1~3일 전 마른 로터리작업을 토양특성에 따라 1~2회 한다.

• ①방법은 마른볍씨와 마른논줄뿌림파종기를 이용하여 평면줄뿌림이나 휴립줄뿌림을 한다.

• ②방법은 싹튼볍씨와 마른논점뿌림파종기를 이용하여 측조시비와 배수 골을 만들 때 흙을 이용하여 볍씨를 덮어주고 배수골을 3m 간격으로 낸 다. 초기 제초제(마세트와 스톰프 유제 혼합)를 살포한다. 이와 같은 작 업은 모두 동시에 이루어진다.

• ①방법은 벼 싹이 출현하기 전 제초제(1차)를 살포한다.

• 벼키가 3~5㎝정도 자랐을 때 ① ②방법 모두 담수한 후 2차 제초제를 살 포한다.

　최근 마른논씨뿌림재배에 생분해성 필름을 이용한 멀칭 마른논씨뿌림재 배법도 연구되고 있다.

〈 마른논씨뿌림(건답직파)재배 파종작업 및 초기 생육 〉

① 마른볍씨 + 줄뿌림

② 싹튼볍씨 + 점뿌림

① 마른논씨뿌림(건답직파)재배 방법별 파종작업 및 초기 생육

마른논씨뿌림(건답직파) 재배 방법은 크게 마른볍씨를 이용한 줄뿌림방법과 싹튼볍씨를 이용한 점뿌림방법이 있다.

• ①방법은 마른볍씨를 이용하여 줄뿌림을 하며 파종직후 물을 대지 않거나 관개를 하여도 발아~싹트는 과정~싹이 논토양 밖으로 올라오는데 20일 이상 걸린다. 따라서 어린모의 출현이 불균일하여 마른논(밭) 상태가 길어 잡초 및 잡초성벼 발생이 많다.

• ②방법은 싹튼볍씨를 점뿌림하고 파종직후 바로 물을 배수골에 댄다. 어린모 출현이 빨라 파종과 동시에 초기, 담수 후 중기 제초제를 적기에 살포할 수 있으며 잡초 및 잡초성벼 방제에 유리하다.

<보기>〈 마른논씨뿌림(건답직파)재배 방법별 장단점 비교 〉

유형	장점	단점
①마른논줄뿌림재배 (마른볍씨이용)	–파종시기가 길어 복합농 (벼+과채류 농사 등)에 유리하다. –마른논 조건에서 파종하므로 작업효율이 높다.	–잡초, 잡벼, 잡초성벼(앵미) 발생이 많다. –4월 상순~5월 중순 마른볍씨 파종으로 싹이 나오는 기간이 길다. –비가 올 경우 파종작업이 어렵다. –물빠짐이 너무 좋은 사질답 등은 물이 잘 빠진다.
②마른논점뿌림재배 (싹튼볍씨이용)	–싹튼볍씨 파종 후 배수골 관개로 파종작업을 5월 상순~중순에 할 수 있다. –파종 후 배수골 관개로 싹이 빨리 나오고 기간이 짧아 잡초발생이 적다. –파종동시 제초제 처리로 잡초방제가 쉽다. –마른논 조건에서 파종하므로 작업효율이 높다.	–비가 올 경우 파종작업이 어렵다. –물빠짐이 너무 좋은 사질답 등은 물이 잘 빠진다.

② 마른논씨뿌림(건답직파)재배 방법별 장단점 비교

• 마른논줄뿌림재배(마른볍씨이용)는 파종기간이 길어 복합농(벼+과채류 농사 등 농작업 분산)에 유리하다.

• 마른논줄뿌림재배(마른볍씨이용)는 파종-발아-싹의 출현 기간이 길고 밭조건으로 잡초, 잡벼, 잡초성벼(앵미) 발생이 많다.

• 마른논점뿌림재배(싹튼볍씨이용)는 밭조건에서 일관작업(점뿌림+측조(줄)시비+배수골 만들기+싹튼볍씨 흙으로 덮음+제초제 살포)을 할 수 있어 작업효율이 높다.

• 마른논점뿌림재배(싹튼볍씨이용)는 논갈이 생략, 빠른 싹의 출현으로 파종 후 10일 경 담수할 수 있어 잡초발생 기간을 크게 줄일 수 있다.

최근에는 주로 싹튼볍씨를 이용한 마른논점뿌림재배를 하고 있다.

〈 일반볍씨이용 담수산파 시 어린모가 물위로 뜨거나 논둑으로 몰리는 모습 〉

어린모가 물에서 뜸   어린모가 논둑으로 몰림

〈 물뺀논점뿌림 또는 물논흩어뿌림 후 말릴 경우 토양표면의 틈(crack) 발생 〉

씨뿌림 후 말릴 경우 발생되는 틈(crack)사이로 잡초, 잡초성벼 발생

13 씨뿌림재배 방법별 비교

(1) 마른논씨뿌림(건답직파)재배

물논흩어뿌림재배에서 국내외 문제점과 개선책은 다음과 같다.

문제점	개선책
새(조류) 피해 발생, 파종 후 마름	담수, 복토, 철분코팅볍씨 이용
파종 후 강우(비)나 관개 시 가벼운 볍씨가 뜨거나 이동이 됨	볍씨를 복토하거나 무겁고 고정되는 철분코팅볍씨 사용
담수 후 바람이 불면 물결에 의해 어린모가 논둑으로 몰림	

(2) 물뺀논점뿌림(무논점파)재배

물뺀논점뿌림재배에서 문제점과 개선책은 다음과 같다.

문제점	개선책
새(조류) 피해 발생, 파종 후 마름	껍질이 두텁고 딱딱한 철분코팅볍씨 이용, 복토재로 덮음, 담수 유지
10일간 말릴경우 논바닥에 틈(crack)이 발생하여 그 사이로 잡초, 잡벼, 잡초성벼(앵미) 발생 우려	점뿌림한 볍씨를 흙으로 덮거나 무겁고 고정되는 철분코팅볍씨 사용으로 파종 후 1일 또는 3일 후 관개, 담수 유지
매년 재배 시 잡초성벼(앵미) 발생 우려	−논갈이(경운) 생략+파종후 담수유지+제초제 처리로 효과적인 방제 −멀칭필름이용으로 물리적 잡초방제 기술 도입

〈 잡초성벼 방제 대책 〉

잡초성벼(앵미) 방제

- 돌려짓기(씨뿌림↔모내기) • 논갈이 생략+담수+제초제
- 마른논 멀칭동시 점뿌림재배(물리적 잡초방제) • 기계적 잡초방제(제초기, 로봇 등)

(3) 마른논씨뿌림(건답직파)재배

마른논씨뿌림재배에서 국내외 문제점과 개선 기술은 다음과 같다.

문제점	개선책
강우(비)가 올 경우 파종작업 불가	물논씨뿌림재배(철분코팅볍씨 이용)로 전환
마른볍씨 파종으로 발아− 싹이 나옴(출아)−입모(어린모 세우기) 기간이 길다(20∼25일).	싹튼볍씨 파종 및 파종 후 배수골에 물을 대어 빠르게 싹이 나오도록 한다(7∼10일) • 파종작업은 마른논+싹이 나오는 환경은 물논으로 해준다.
매년 재배 시 잡초, 잡초성벼(앵미)발생이 많다.	−논갈이(경운) 생략+파종 후 빠른 물대기+제초제 살포로 효과적인 방제를 꾀한다. −멀칭필름이용 건답점파로 물리적 잡초방제기술 도입
물빠짐이 심하다.	물빠짐이 쉬운 사질답, 다랭이논은 피하고 보통답에서 한다.

〈 잡초성벼(앵미)의 유래 〉

(영남농업시험장, 1999)

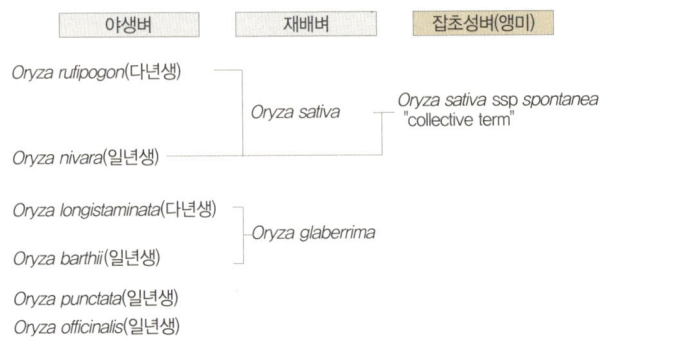

| 야생벼 | 재배벼 | 잡초성벼(앵미) |

Oryza rufipogon(다년생)

Oryza sativa — *Oryza sativa* ssp *spontanea* "collective term"

Oryza nivara(일년생)

Oryza longistaminata(다년생)

Oryza barthii(일년생) — *Oryza glaberrima*

Oryza punctata(일년생)
Oryza officinalis(일년생)

〈 잡초성벼(앵미)가 많이 발생한 논의 모습 〉

(4) 잡초성벼(앵미)의 발생과 방제

잡초성벼(앵미)는 최근 씨뿌림(직파)재배 도입으로 국내외에 걸쳐 증가하고 있다. 잡초성벼는 재배벼와 동일한 종(species)으로 벼의 일반적인 형태와 생장생육 특성이 비슷하지만 수확 전 벼알이 잘 떨어지며 벼 수확량과 쌀 품질을 떨어뜨려 문제가 되고 있다. 잡초성벼는 좁게는 재배벼와 야생종의 교잡에 의해 나타난 것을 말하지만, 넓게는 전년도 수확작업과정에서 떨어진 벼(잡벼)가 올라온 것도 잡초성벼(또는 잡벼)로 포함시키기도 한다.

잡초성벼 방제 방법은 경종적 방제법(돌려짓기), 물리적 방제법(멀칭 등), 화학적 방제법(제초제), 손 또는 기계적(제초기) 방제법, 종합적 방제법(IWM, 2가지 이상 방제수단 이용 방제)으로 방제 수단을 도입하고 있다.

〈 온도에 따른 잡초성벼 싹의 출아율과 잡초성벼 방제 후 무논점파 파종가능 시기 〉

(출아율, %, 국립식량과학원, 2015)

구 분	7일	14일	21일
10℃	0	0	0
11℃	0	0	42
13℃	0	62	69
14℃	46	68	80
15℃	55	82	88

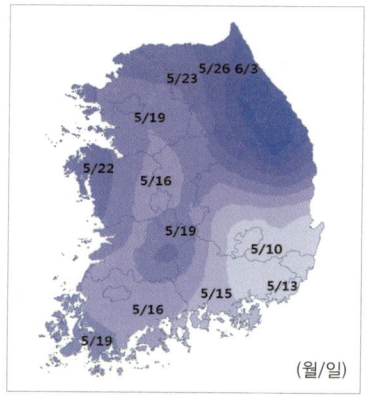

(월/일)

기온이 15℃ 이상인 조건에서 2주일이 경과하면 1㎝ 토양깊이에 위치한 잡초성벼 종자는 80% 이상 출아되므로 이 날짜로부터 10일 정도 지난 후 씨뿌림(직파)재배를 하는 것이 유리하다. 따라서 지역에 따라 재배시기는 5월 10일(남부 평야지역)~6월 3일(강원 중산간지역) 기간에 파종하는 것이 잡초성벼 방제에 효과적이다. 또한 수확작업 과정에서 토양표면에 떨어져 있는 잡초성벼, 잡벼, 잡초 종자의 발아시기가 비슷하므로 이 시기에 온도가 높아 발아되어 올라오기 때문에 논갈이 생략과 얕은 로터리 및 물논써레 작업(15㎝ 내외)을 통한 경종적인 방제수단과 물(담수) 및 제초제를 적용할 경우 보다 효과적인 잡초성벼 방제가 가능할 것이다.

〈 씨뿌림재배와 양분관리 〉

(농촌진흥청 국립식량과학원, 2010)

논토양(토성)	비료 주는 양(kg/10a, 성분량)		
	질소	인산	칼리
보통논	11	4.5	5.7
사양토	13	5.1	7.1
염해논(간척지)	20	5.1	5.7

〈 비료 나누어 주는 비율 〉

비료	비료 나누어 주는 비율(%)		
	밑거름(기비)	새끼가지 칠 때 (5엽기, 분얼비)	이삭거름
질소	40	30	30
인산	100	–	–
칼리	70	–	30

14 비료 주는 양과 방법

씨뿌림재배에서 비료 주는 양은 모내기재배에서와 같다. 최근 쌀의 단백질 함량을 낮추어 고품질 쌀을 생산하기 위하여 질소비료를 10a당 11kg에서 9kg로 낮추어 준다. 밑거름은 물논써레를 하기 전 토양표면에 전면적으로 고루 뿌린다. 벼 생육 기간 중 질소비료는 밑거름40-새끼칠거름30-이삭거름30%로 나누어 주는데, 모내기(50-20-30%)에 비하여 밑거름은 약간 줄이고 새끼칠거름은 약간 많게 한다. 최근 물뺀논점뿌림(무논점파)재배와 마른논점뿌림(건답점파)재배에서는 파종과 동시에 측조(줄)시비 또는 점시비를 하기도 한다.

〈 벼 종자 씨젖(배유) 저장양분의 소모과정 차이(씨뿌림→어린모→치묘→중묘) 〉

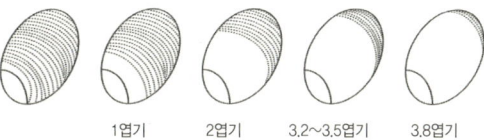

1엽기　　2엽기　　3.2~3.5엽기　　3.8엽기

〈 벼 종자의 양분소모 과정과 씨뿌림재배의 파종깊이에 따른 발아, 싹의 출현, 어린모의 생장생육 차이 〉

(Hoshikawa, 1997)

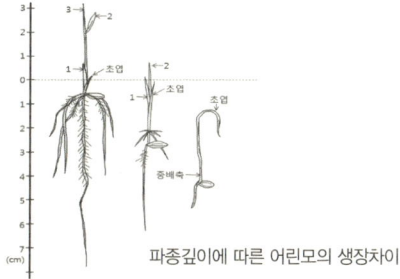

파종깊이에 따른 어린모의 생장차이

15 씨뿌림재배 일반 관리기술 및 생육특성

(1) 초기 양분소모 특성

씨뿌림(직파) 종자는 씨뿌림 후 얼마 동안은 씨젖의 양분을 이용하여 자란다. 따라서 씨뿌림(직파)재배에서 양분공급(화학비료 등)은 종자 내 저장양분이 거의 소모되는 시기(3.2~3.5엽기)에 맞추어 처리하거나 용출되는 직파전용 피복비료로 점(spot)시비 하는 것이 효율적이다.

(2) 파종깊이와 발아 및 싹의 출현, 어린모의 생장특성

씨뿌림(직파)재배를 한 벼 종자는 파종깊이에 따라 발아, 싹의 출현(출아), 어린모의 생장특성이 크게 다르다. 특히 마른논씨뿌림(점뿌림 및 줄뿌림)재배에서 파종깊이는 1cm 내외가 되어야 잎, 줄기, 뿌리의 생장이 양호하다. 물논씨뿌림재배에서는 파종이 깊게 될 경우 싹의 출현이 매우 불량해지므로 깊게 파종되지 않도록 주의해야 한다. 따라서 씨뿌림재배에서는 파종깊이와 벼 생육을 균일하게 유지하기 위하여 논의 균평작업에 보다 세심한 주의가 필요하다.

〈 벼 재배방법별 뿌리생장 및 분포특성 차이 〉

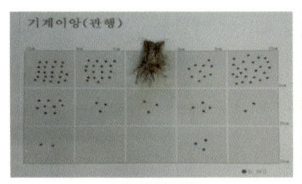 

기계이앙(관행)   물뺀논점뿌림(무논점파)

〈 새끼치기(분얼)의 차이 〉

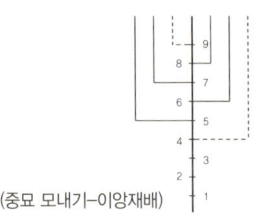 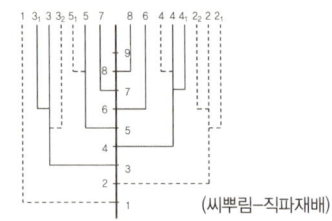

(중묘 모내기-이앙재배)   (씨뿌림-직파재배)

(3) 뿌리 생육 특성

씨뿌림(직파)재배를 한 벼의 뿌리생육 특성은 모내기 재배와 다르다. 주로 땅속 수직으로 뿌리가 분포하여 자라며 토양층에 고른 뿌리분포가 특징이다.

(4) 새끼치기(분얼) 생육특성 차이

씨뿌림(직파)재배는 새끼줄기의 발생(분얼) 특성이 원줄기의 낮은 부위에서 주로 나오고(저위 분얼) 모내기재배는 높은 부위에서 주로 나온다(고위 분얼). 따라서 모내기재배에서 나오는 2, 3차 새끼줄기로 갈수록 줄기길이는 짧아지고 가늘며 이삭의 길이도 짧거나 없는 이삭(무효분얼-벼알이 달리지 않은 줄기가지)도 있다. 한 이삭에 달리는 벼알수도 원줄기>1차>2차>3차 새끼줄기 일수록 비교적 많고 충실하게 차는 편이며 여뭄도 좋아 높은 수확량이 나온다.

(5) 중·후기 물관리기술

씨뿌림(직파)재배에서 본답의 중, 후기 물관리는 일반 모내기재배에 준하여 하면 된다.

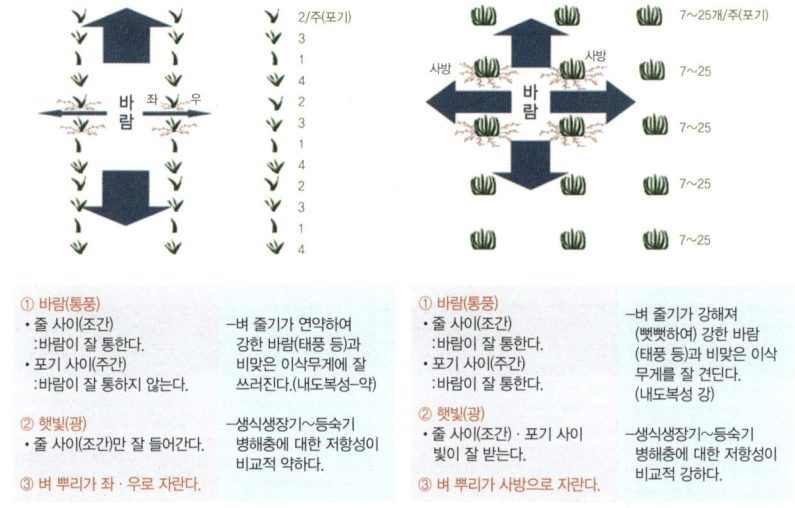

〈 줄뿌림과 점뿌림의 쓰러짐(도복) 차이 〉

① 바람(통풍)
• 줄 사이(조간)
 :바람이 잘 통한다.
• 포기 사이(주간)
 :바람이 잘 통하지 않는다.

–벼 줄기가 연약하여 강한 바람(태풍 등)과 비맞은 이삭무게에 잘 쓰러진다.(내도복성–약)

② 햇빛(광)
• 줄 사이(조간)만 잘 들어간다.

–생식생장기~등숙기 병해충에 대한 저항성이 비교적 약하다.

③ 벼 뿌리가 좌·우로 자란다.

① 바람(통풍)
• 줄 사이(조간)
 :바람이 잘 통한다.
• 포기 사이(주간)
 :바람이 잘 통한다.

–벼 줄기가 강해져 (뻣뻣하여) 강한 바람 (태풍 등)과 비맞은 이삭 무게를 잘 견딘다. (내도복성 강)

② 햇빛(광)
• 줄 사이(조간)·포기 사이 빛이 잘 받는다.

–생식생장기~등숙기 병해충에 대한 저항성이 비교적 강하다.

③ 벼 뿌리가 사방으로 자란다.

(6) 양분관리

일반적인 본논 양분관리는 모내기방법에 준하여 한다.

(7) 병해충방제

씨뿌림재배에서 측조(줄)시비나 점시비를 할 경우 일반 전층시비에 비하여 잎집무늬마름병 등의 발병이 줄어든다. 그 이유는 잎집무늬마름병이나 도열병의 경우 균핵이나 포자 병원 미생물이 토양표면에 부착하여 토양표면의 양분을 이용하기 때문이다.

(8) 쓰러짐(도복)

쓰러짐 피해는 줄뿌림보다 점뿌림, 일반법씨보다 철분코팅법씨가 쓰러짐이 적다. 벼 생육 후기 태풍 등으로 강한 바람이 불 때 모내기재배에서 쓰러짐은 벼 하위마디사이가 주로 부러져 일어나며 씨뿌림재배는 휘어진다. 따라서 씨뿌림재배에서는 말릴 경우 벼 이삭을 들고 약간 일어서기 때문에 콤바인 수확작업도 편리하다.

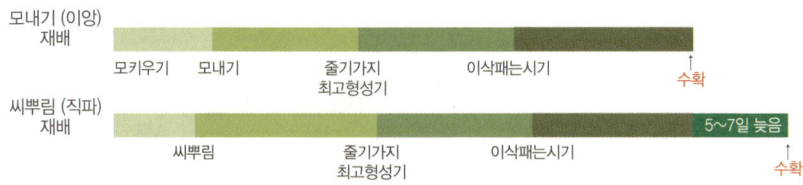

〈 모내기(이앙)재배와 씨뿌림(직파)재배의 수확시기 차이 〉

모내기 (이앙) 재배
모키우기　모내기　줄기가지　이삭패는시기　수확
　　　　　　最高형성기

씨뿌림 (직파) 재배
씨뿌림　줄기가지　이삭패는시기　5~7일 늦음
　　　最高형성기　　　　　　수확

〈 벼 재배방법별 쌀수확량 비교 〉

(주요곡물조사료자급률제고사업단, 2015)

재배방법	쌀 수확량(kg/10a)			
	부여	보성	포항	평균
물뺀논흩어뿌림 (철분코팅볍씨 이용)	692(111)	646(139)	581(101)	640(116)
물뺀논점뿌림 (철분코팅볍씨 이용)	625(100)	504(109)	–	565(102)
물뺀논점뿌림(복토)	620(99.5)	427(92)	487(85.0)	511(92.4)
마른논점뿌림	634(102)	547(118)	581(101)	587(106)
기계 모내기(대조)	623(100)	464(100)	573(100)	553(100)

(9) 수확시기

씨뿌림재배는 5월 중순에 파종하므로 중묘, 어린모를 5월 중·하순에 옮겨 심는 모내기 재배에 비하여 벼 생육시기가 전반적으로 늦어진다. 이삭이 패는 시기가 5~7일 정도 늦어지며 수확시기도 모내기재배에 비하여 5~7일 정도 늦다. 따라서 지역, 파종시기, 품종의 특성, 양분관리방법에 따라 수확시기를 고려하여야 한다. 수확 및 수확 후 관리기술은 모내기 방법에 준한다.

(10) 수확량

최근 씨뿌림재배 쌀 수확량은 모내기에 비하여 92~116%로 나타났다. 씨뿌림방법별로 볼 때 쌀 수확량은 물뺀논흩어뿌림(철분코팅볍씨) ＞ 마른논점뿌림 ＞ 물뺀논점뿌림(철분코팅볍씨) ＞ 물뺀논점뿌림(복토) ＞ 순으로 높게 나타났다.

〈 벼 재배 방법별 논벼 생산비(직접+간접 생산비) 비교 〉

(단위: 천원/10a)

재배방법	총 생산비(천원)			
	부여	보성	포항	평균
물뺀논흩어뿌림 (철분코팅볍씨이용)	623(83.2)	617(82.4)	621(82.9)	620(82.8)
물뺀논점뿌림 (철분코팅볍씨이용)	644(86.0)	638(85.2)	−	641(85.6)
마른논점뿌림	637(85.0)	637(85.0)	641(85.6)	638(85.2)
기계모내기(대조)	749(100.0)	749(100.0)	749(100.0)	749(100.0)

※ 전국평균 논벼(기계모내기) 생산비(2013) 참조: 726천원(농림축산식품부, 2014)
※ 2015, 주요곡물조사료자급률제고사업단

(11) 경제성

벼 씨뿌림(직파)재배 방법별 수확량은 모내기재배 수준으로 나타났으며 노동력은 23.1~43.5%, 논벼 생산비는 14.4~17.2% 절감되는 것으로 나타났다. 따라서 잡초성벼 및 잡초방제 등의 주요 문제점이 개선되면 씨뿌림재배법이 점차 늘어날 것으로 보인다.

〈 자연친화적 의미에서 본 농업형태간의 상호관계 〉

(문 외, 2006)

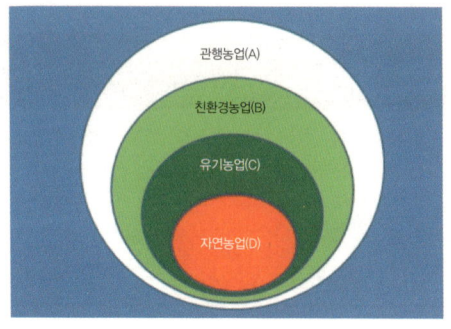

〈 우리나라 벼농사 농가에서 이용 되고 있는 친환경농법 현황 〉

(전남, 2010)

'10, 전남	벼농사 친환경 농법 면적(ha)[1]					
	우렁이농법	쌀겨농법	오리농법	미생물농법	기타	계
2009	56,039 (89.0)[2]	6,737 (10.7)	11 (0.02)	1 (0)	153 (0.2)	62,941 (100)
2008	43,385 (89.1)	4,189 (8.6)	167 (0.3)	100 (0.2)	845 (1.8)	48,686 (100)

1): 재배면적 2): %

3. 유기재배(친환경·유기농)

친환경 농업이란 농업과 환경을 조화시켜 농업생산을 지속적으로 가능하게 하는 농업형태를 말하며 따라서 화학자재 사용을 적정수준으로 유지하고 축산분뇨(배설물)의 적절한 처리 및 재활용 등을 통하여 환경을 보존하고 안전한 농축산물을 생산하는 농업으로 정의하고 있다. 국내 친환경 벼 재배기술은 우렁이농법, 오리농법, 미생물농법 등이 알려지고 있다. 이 중에서 대부분 잡초 방제 측면의 친환경 유기농 벼재배 및 쌀생산기술은 우렁이농법에 주로 의존하고 있으며 멀칭농법, 제초기(승용, 인력) 이용법 등이 일부 이용되고 있다.

〈 왕우렁이의 생물학적 분류 〉

계	동물
문	연체동물
강	복족류
목	고설목
과	사과우렁이과
분포 지역	중남미, 아프리카, 동남아시아를 비롯한 대부분의 열대지방

〈 우렁이 방사시기와 논 잡초 방제가 차이 〉

(Kang etc., 2010)

우렁이 방사 시기	잡초 방제가(%)
모내기 후 5일	98
모내기 후 10일	89
모내기 후 15일	58

🔶 우렁이농법

왕우렁이는 동물계-연체동물문-복족류강-고설목-사과우렁이과에 속하며 약 120여종이 자연생태계에서 살고 있는 것으로 알려지고 있다. 왕우렁이의 국내 공식적인 도입은 1983년 식용목적으로 정부 승인을 받아 수입하여 이루어진 것으로 알려지고 있다. 주로 비닐하우스 내에서 양식을 하여 1996년부터 논 잡초제거에도 이용되면서 생물학적인 잡초방제수단으로 확대되어 국내 친환경 잡초방제수단의 89%가 왕우렁이를 이용하고 있다. 하지만 일본에서는 1984년 식물방역법상 농작물 유해동물로 지정하였으며 대만에서는 양식이 전면적으로 금지되었다. 국내에서 서식되고 있는 왕우렁이는 일본, 타이완, 필리핀에서 자라고 있는 종과 동일한 것으로 확인되고 있다. 왕우렁이 방사시기와 논 잡초 방제효과는 모내기 후 5일에서 가장 높은 것으로 나타났다.

〈 왕우렁이의 생활사 〉

(농업과학기술원, 2005)

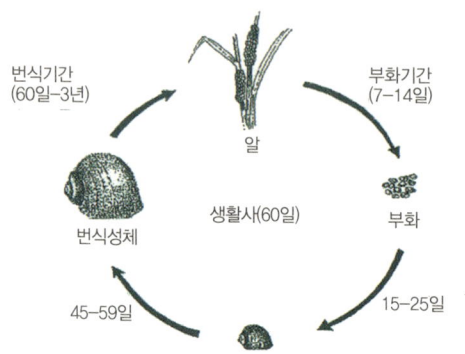

왕우렁이는 물에서 자라는 풀, 논 잡초, 농작물(벼, 배추, 토마토, 콩잎 등), 어류, 죽은 동물체 등을 먹는 잡식성이다. 먹이 습성은 주로 물속에 있는 식물체를 이빨로 잘라서 먹는다. 왕우렁이는 수온이 20~33℃ 범위일 때 잘 크며 생존 가능한 최저 온도가 약 2℃로 알려지고 있다. 알에서 부화한 왕우렁이는 약 50일 내외 지나면 3g정도가 되고 100일에는 약 8g이 되어 성패가 된다. 주로 밤에 먹이를 먹으며 이동거리는 짧은 편이다. 생후 3개월이면 산란이 가능하며 한번에 500~700개의 알을 낳는다.

왕우렁이를 이용한 벼농사에서 주의하여야 할 사항은 다음과 같다.

• 논 표면이 드러나지 않도록 균평작업을 골고루 하여야 하며 물을 일정한 깊이로 대어 준다.

• 벼 재배(어린모, 중묘, 씨뿌림 등)기술에 따라 투입하는 왕우렁이의 종류 (치패·중패 등), 투입시기, 투입량, 횟수 등을 잘 지킨다.

• 왕우렁이를 이용한 논에서는 다른 논으로 이동을 막기 위하여 논둑을 높게 만들고 물꼬에 반드시 망을 설치하는 것이 좋다.

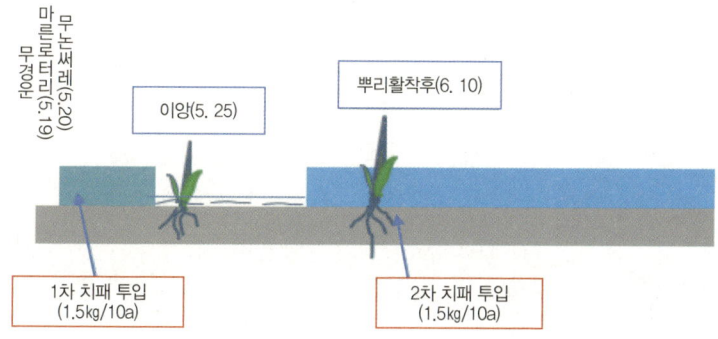

〈 모내기(이앙)재배의 우렁이 농법이용 사례 〉

무논써레(5.20)
마른로터리(5.19)
무경운

이앙(5. 25)

뿌리활착후(6. 10)

1차 치패 투입
(1.5kg/10a)

2차 치패 투입
(1.5kg/10a)

벼 우렁이농법을 위한 바람직한 논 선정은 다음과 같다.

• 물대기가 좋은 논

• 물빠짐이 쉬운 사질답(모래땅)이나 다랭이(경사지논)논이 아닌 논

• 논둑 높이가 비교적 높고 논바닥 물빠짐이 없는 논

• 새(조류) 피해가 적거나 방지할 수 있는 논

• 관리가 용이한 가까운 논

우렁이농법은 주로 모내기(이앙) 재배에서 가장 보편적으로 하고 있다. 논토양 표면에 떨어진 잡초종자, 잡벼(이형주), 잡초성벼(앵미) 등의 종자를 모내기 전 자연환경조건에서 모두 발아시키는 것이 잡초방제에 유리하다. 이 때 모내기시기에 맞춰 마른 로터리와 물논써레작업을 한 후 우렁이를 투입(1, 2차)하여 관리할 경우 매우 효과적으로 잡초방제를 할 수 있다. 일반적으로 우렁이 투입량은 치패를 기준으로 하여 1, 2회에 걸쳐 각각 10a당 1.5kg가 효과적인 것으로 알려져 있다.

〈 생분해성 필름이용 멀칭씨뿌림 재배 초기 벼생육 〉

2 멀칭농법

생분해성 필름이용 멀칭 씨뿌림재배방법은 물리적 잡초방제법을 이용하
며 잡초 및 잡초성벼 방제에 주목적이 있다. 주로 마른논과 물뺀논(배수)상
태에서 파종작업을 한다. 하지만 볍씨 부착과정와 멀칭기술이 아직 개선해
야 할 점이 있다. 과거 멀칭기술(멀칭 모내기 및 씨뿌림)과 큰 차이점은 멀칭
작업 과정에서 마른 토양조건에서 로터리 작업 시 발생되는 토양을 이용하
여 멀칭된 필름 위에 가는 흙덩어리로 덮으면서(복토) 멀칭된 필름을 고정시
키는 방법이다. 필름을 토양으로 고정하지 않을 경우 관개, 담수 시 필름이
부력에 의해 물위로 뜨거나 바람에 의해 이탈하여 정상적인 어린모 생장(입
모)과 잡초, 잡초성벼(앵미) 방제를 할 수 없게 된다. 멀칭 물뺀논점뿌림(무
논점파)의 경우 부착된 볍씨가 파종작업과정에서 롤필름이 펼쳐지면서 떨어
지며(결주 발생) 필름이 토양표면에 부착시킨 후 바로 관개, 담수할 때 물속
에서 떠 뿌리활착이 되지 않아 결주가 발생이 된다. 최근에는 멀칭동시 마른
논점뿌림방법이 시도되고 있다.

〈 생분해성 필름의 분해 과정과 친환경성의 원리 〉

(롯데정밀화학, 2016)

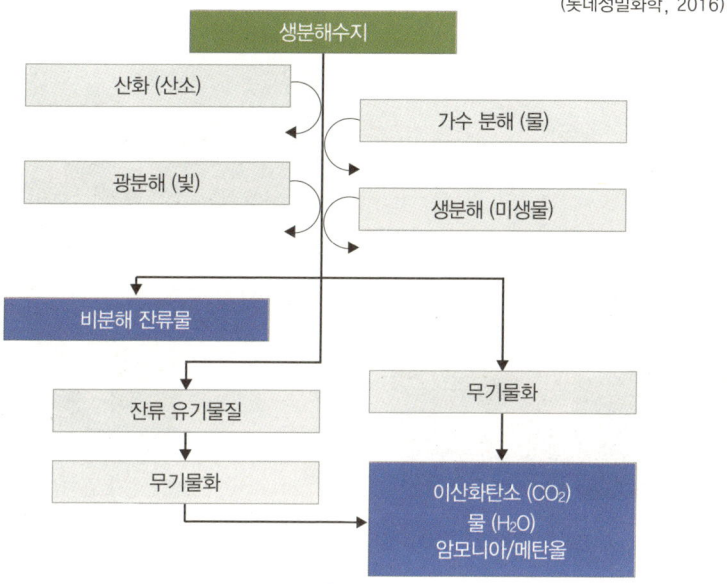

멀칭 씨뿌림재배에 이용되고 있는 생분해성 필름은 식물유래 천연재료를 사용하여 생분해가 가능하도록 제조된 생분해성 수지(bio-degradable plastics)이며 자연환경(논, 밭)에서 물이나 광, 미생물에 의해 고분자 화합물이 저분자 화합물로 분해된다. 이 과정에서 생성된 저분자 화합물은 미생물이 완전하게 소화할 수 있는 크기로 분해되며 자연 속 미생물의 대사작용에 의하여 이산화탄소(CO_2)와 물(H_2O)로 배출이 되어 환경에 부하가 없어 친환경적이다. 분해 과정에서 생성된 이산화탄소는 식물(작물)의 광합성에 이용되기도 한다. 따라서 이 과정에서 멀칭한 필름을 만드는 방법(두께 등)에 따라 작물의 주요 생육기간(3~6개월)에 물리적인 필름형태를 유지하기 때문에 일반 비닐필름과 같이 본논 중, 후기까지 물리적인 잡초제어(방제)가 가능하다.

〈 인력제초기 · 승용제초기 · 로봇제초기에 의한 물리 기계적 잡초방제 수단 〉

인력제초기

승용제초기

제초 로봇

로봇제초기

🏵3🏵 제초기 이용

물리 기계적 잡초방제법은 주로 인력제초기나 기계적인 제초수단을 이용하여 왔다. 인력제초기는 과거 제초제가 없고 농업인구가 많은 소농수준에서는 가능한 수단이었다. 하지만 오늘날 인건비가 비싸고 농촌의 고령화, 여성화로 이 방법은 경제성이 크게 떨어져 효용성이 없다. 따라서 최근 승용제초기를 이용하는 방법이나 로봇(자율주행)을 개발하여 기계적으로 잡초를 제거하는 방법이 국내외에서 연구개발되고 있다. 특히 3D센서, AI(인공지능), Io T & Io E 기술이 적용될 경우 향후 로봇제초기나 농업용 필드 로봇(agronoid-실시간 파종작업면적, 생육진단, 관개 수자원, 한발피해, 생육진단 및 양분관리, 병해충 예찰 및 방제, 작황조사에 따른 안정적인 식량수급조절)은 날로 발전할 것으로 보인다.

〈 벼 이모작재배의 유형에 따른 벼의 재배기간 〉

(농촌진흥청)

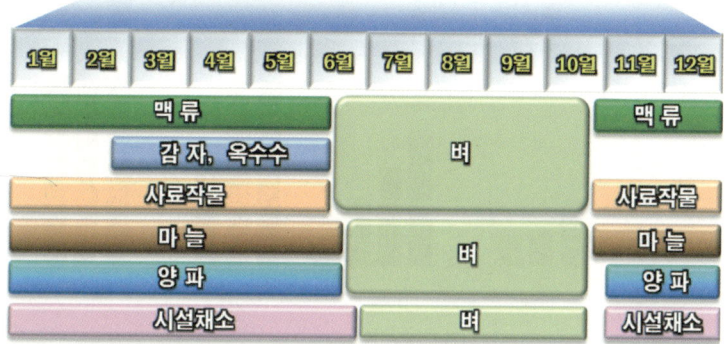

4. 벼 이모작 재배

▨1 벼 이모작재배의 유형

　벼 재배 후에 다른 작물을 심어 소득을 올리는 재배형태를 벼 이모작재배라고 한다. 벼 이모작재배는 벼만 재배하는 것보다 수확량은 다소 적어지나 소득에서는 유리하기 때문에 기후환경이 가능한 지역에서는 이모작 벼를 재배한다.

▨2 벼 이모작재배의 특성

(1) 생육기간이 짧기 때문에 포기당 이삭수와 한 이삭의 벼알수가 적으며 이삭 패는 시기가 늦을 경우에는 저온으로 여묾비율이 낮아질 우려가 있다.

(2) 앞작물을 수확하면서 곧바로 모내기를 준비하기 때문에 작업이 바쁘고 노동력이 집중적으로 필요하다.

(3) 모를 키우는 동안 온도가 높아 모의 생장이 빠르고 연약해진다.

(4) 앞작물의 수확잔여물이 모낸 후 어린 벼의 생육을 방해할 수 있다.

(5) 앞작물에 사용된 비료성분이 남아 있을 경우 비료 주는 양을 줄여야 하며 논물에 녹조(조류)가 발생하기 쉽다.

(6) 모내는 시기가 늦을수록 벼만 재배하는 것보다 잡초발생량은 적어진다.

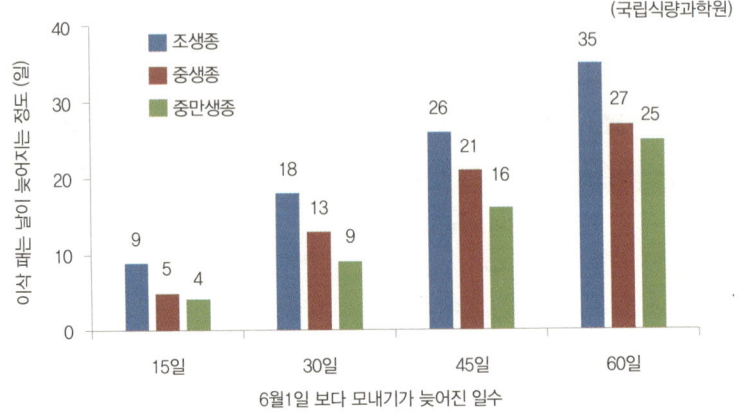

〈 늦모내는 시기에 따른 벼 생태형별 이삭 패는 시기 변화 〉

(국립식량과학원)

6월1일 보다 모내기가 늦어진 일수

3 늦모내기 정도별 벼 이삭 패는 시기의 변화

모내는 시기가 늦어지면 이삭 패는 시기도 같이 늦어지게 되는데 늦어지는 정도는 벼의 생태형별로 매우 다르다. (이하 제9장 1절 벼의 분류 참조)

하지가 지나고 낮의 길이가 점차로 짧아질 때 벼는 이삭을 만든다. 낮의 길이변화에 비교적 둔감한 조생종은 모내는 시기가 10일 늦어질 때 이삭 패는 시기는 6일 정도, 중생종은 약 4.5일, 낮의 길이에 민감한 중만생종은 4.1일 정도만 늦어진다. 만생종으로 갈수록 짧아진 낮의 길이에 민감하게 반응하여 모내기가 늦어진 일수에 비해 이삭 패는 시기는 더욱 앞당겨진다.

4 이모작재배에 알맞은 품종

이모작 벼는 생육기간이 100일 내외로 짧다. 남부지방에서 6월 20일 이전에 모내기가 가능하면 중만생종을 심어도 좋으나, 6월 20~30일에는 조생종이나 중생종이 좋으며 7월에 모내기할 경우에는 늦게 심어도 수확량이 충분한 만식적응성 품종을 심는다.

※ 만식적응성 품종: 만추, 만호, 만풍, 만월, 금오, 금오벼1호, 금오벼2호, 그루, 만안, 만나 등

〈 벼 이모작재배 기술 요약 〉

(국립식량과학원)

재배기술	1모작재배	2모작재배	
		제때 모내기	늦모내기
파종량(g/상자)	130~150	110~120	110~120
모 키우는 기간(일)	25~30	20~25	20
심는 포기수(포기/3.3㎡)	80	90	100이상
질소 주는 양(kg/1,000㎡)	9	8 이하	8 이하
질소 나누어 주기	3회(밑거름 50-새끼거름 20-이삭거름 30%)	2회(밑거름 70- 이삭거름 30%)	
모내는 시기(월.일)	6.1~6.10	6.20~6.30	7.01~7.10

※ 앞그루에 채소를 재배했던 논은 1,000㎡(10a)당 질소를 7kg 이하로 줄인다

5 이모작 벼 재배기술

(1) **파종량** : 벼 1모작재배보다 파종량은 10~20% 적게 뿌려야 모의 생육이 나빠지지 않는다. 대신 육묘상자 수는 10~20% 더 준비한다.

(2) **모 키우는 기간** : 늦모를 내면 모를 키우는 기간 동안 온도가 높아 모가 웃자라므로 25일을 넘기지 않는 것이 좋다.

(3) **모내는 포기수** : 벼가 자라는 기간이 짧아 생육량이 적어지므로 모내는 시기가 늦을수록 더 베게 심는다. 6월 하순에 모내기하면 3.3㎡당(평당) 80~90포기, 7월에 모내기하면 3.3㎡당 100포기 이상을 심는다.

(4) **질소 주는 양** : 벼가 자라는 기간이 짧기 때문에 조금 줄여 1,000㎡ (300평)당 8kg을 주는 것이 적당하다.

(5) **질소비료 나누어 주기** : 밑거름은 반드시 주되 가지거름 주는 시기와 이삭거름 주는 시기 사이의 간격이 짧기 때문에 가지거름은 생략하고 밑거름과 이삭거름으로 2회 나누어 주는 것이 좋다.

(6) **벼의 앞그루에 채소를 재배**했다면 토양에 비료의 성분이 남아 있을 가능성이 높기 때문에 밑거름과 이삭거름을 더 줄여서 주는 것이 좋다.

〈 모내는 시기별 쌀 수확량 〉

(국립식량과학원, 2015)

벼 작황시험			벼 지역적응시험		
모내는 시기	쌀 수확량(kg/10a)		모내는 시기	쌀 수확량(kg/10a)	
	평균('04~14)	지수		평균('04~14)	지수
5월25일	507	100	5월30일	554	100
6월15일	505	100	7월 1일	499	90

※ 지역: 익산, 밀양

〈 여묾 후기의 기온이 높으면 모내기가 다소 늦어도 수확량은 증가 〉

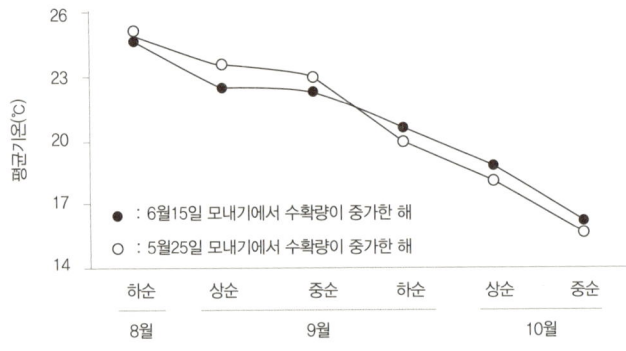

※ 남부 6개 지역 평균: 호남(군산, 광주, 여수), 영남(진주, 밀양, 합천)

6 이모작 벼의 수확량

남부지역에서 벼를 6월 15일에 모내기하면 5월 25일에 모내기 하는 것과 수확량이 비슷하다. 그 이유는 여묾 후기의 온도 때문이다. 여묾 후기에 해당하는 9월 하순~10월 상순까지의 평균기온이 평년과 같거나 낮으면 5월 25일에 모내기가 유리하지만, 평년보다 높으면 6월 15일에 모내기 한 것이 5월 25일에 모내기 한 것보다 수확량이 많아진다. 그러나 7월 1일에 모내기 하면 5월 30일에 모내기 하는 것 보다 수확량이 평균적으로 약 10%정도 감소한다. 따라서 벼를 이모작으로 재배할 경우 빨리 준비하여 모내는 시기를 최대한 앞당기면 수확량 감소를 줄일 수 있다.

〈 남부지역 벼 이모작재배의 이삭 패는 한계시기 〉

(국립식량과학원, 2015)

한계시기(월.일)	지역별
8.14~17	의령, 순천, 산청
8.21~24	영광, 고창, 장흥, 진주, 부안, 해남, 군산
8.25~28	밀양, 강진, 정읍, 전주, 고흥, 보성
8.29~31	목포, 광주, 울산, 남해
9.01~03	완도, 거제, 양산
9.04~06	통영, 창원, 여수, 김해, 광양, 부산

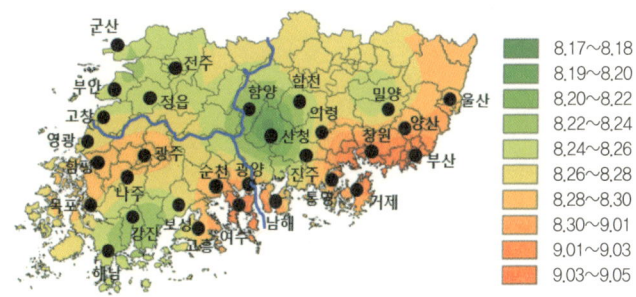

7. 지역별 벼 이모작재배 이삭 패는 한계시기

이모작재배로 모내는 시기가 늦어지면 이삭 패는 시기도 같이 늦어진다. 그러나 이삭 패는 시기가 어느정도 늦어지더라도 여뭄 시기에 저온 피해가 없는 마지막 날짜를 이삭 패는 한계시기(출수한계기)라고 한다. 이삭 패는 한계시기는 가을철 온도에 따라 좌우되기 때문에 늦게까지 온도가 떨어지지 않는 지역은 한계시기가 늦어지지만 일찍 추위가 오는 지역은 이삭 패는 시기가 앞당겨져야 한다. 이모작재배를 하는 지역의 기상자료를 참고하여 평년도 가을의 기온변화를 조사하고 잘 활용하여야 한다. 대개 창원에서 부산지역을 거쳐 동해방향으로 이르는 지역은 늦게까지 비교적 가을 기온이 높은 경향을 보인다.

제9장

벼 품종과
유전육종

〈 벼의 초형에 따른 분류와 쌀알 모양 〉

인디카　　　자포니카　　　열대성 자포니카

자포니카

인디카

1. 벼의 분류

1️⃣ 초형에 따른 분류

(1) **자포니카(Japonica)형** : 한국과 일본 및 중국의 동북지역에서 주로 재배되는 종으로 키가 작고 벼알이 둥글며 이삭에 달리는 벼알수는 많은 편이다.

(2) **인디카(Indica)형** : 중국의 남부지역과 대부분의 동남아시아에서 재배되는 종으로 키가 다소 크고 벼알이 길며 한 이삭에 달리는 벼알수는 많은 편이다.

(3) **자바(Java)형** : 지리적 중심지는 인도네시아의 자바 지역이며 키가 크고 벼알이 굵으며 한 이삭에 달리는 벼알수는 적은 편이다.

2️⃣ 재배장소에 따른 분류

　벼를 논에서 재배하면 논벼, 밭에서 재배하면 밭벼라고 한다. 벼의 줄기에는 공기구멍이 있어 뿌리까지 산소가 공급되기 때문에 논에서도 문제가 없다. 논벼와 밭벼를 뚜렷이 구별할 수는 없지만 밭에서 재배할 때 논에 비해 수확량 감소가 적은 것이 밭벼로 분류된다.

<〈 벼 이삭 패는 시기에 따른 생태형 분류: 수원지역 기준 〉

생 태 형	이삭 패는 시기(월.일)
극조생종	7.25 이전
조 생 종	7.25~8. 5
준조생종	해에 따라 조생종과 중생종 사이를 움직이는 품종
중 생 종	8. 6~8.15
중만생종	8.16~8.25
만 생 종	8.26 이후

3. 생육기간에 따른 분류(생태형)

(1) 생태형의 기준 : 파종에서부터 이삭 팰 때까지의 생육기간이 짧은 품종을 조생종, 긴 품종을 만생종이라고 하며 중간 정도의 생육기간을 가지는 품종을 중생종이라고 한다. 그러나 정해진 기준을 벗어나 정확하게 분류하기가 곤란한 품종들 즉, 조생종보다는 이삭이 더 일찍 패는 것을 극조생종, 조생종과 중생종의 중간 성격을 나타내는 것을 준조생종, 중생종과 만생종의 중간 성격을 띤 것을 중만생종이라고도 하는 등 다른 이름을 붙이기도 한다.

우리나라에서 품종의 생태형을 나누는 통상적인 방법은 과거 농촌진흥청이 있었던 수원지역에서 표준적 재배방법으로 파종과 모내기하였을 경우 이삭 패는 시기를 기준으로 하였다.

(2) 생육기간의 변화 : 벼는 위도나 온도조건이 매우 다른 지역에서 재배하면 생육기간이 크게 달라진다. 특히, 낮과 밤의 길이에 매우 민감하기 때문에 위도변화에 따라 크게 변한다. 우리나라에서 만생종인 품종을 열대지역에서 재배하면 모낸 후 한 달 이내에 이삭이 팰 수도 있다. 따라서 이러한 생태형의 기준은 우리에게만 적용되며 위도와 온도조건이 다른 나라에서 재배하면 생태형이 달라진다.

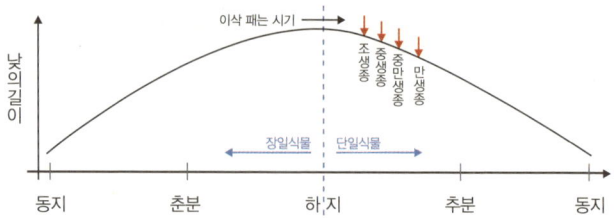

〈 낮의 길이가 짧아지면서 벼는 어린 이삭을 만들기 시작한다 〉

(3) 품종의 생태형 결정 요인 : 이삭 패는 시기를 결정하는 환경요인에는 기본영양생장성과, 감광성 및 감온성 등이 있다. 벼는 단일성 작물로서 하지를 지나면서 낮의 길이가 짧아질수록(감광성), 온도가 높아질수록(감온성) 이삭 팰 때까지 소요되는 기간이 짧아지는 특성을 가지고 있다.

① 기본영양생장성(Basic Vegetative Phase) : 재배환경이 아무리 좋아도 기본생장을 해야 하는 일정한 기간 동안에는 절대로 꽃눈을 만들지 않는 성질을 말한다. 우리나라 품종의 기본영양생장기간은 대체로 14~44일 사이에 분포하며, 그 길이는 조생종이 비교적 길고 그 다음이 중생종, 중만생종 순이지만 생태형이 같은 품종끼리도 크게 차이가 난다.

② 감광성 : 하지가 지나면서 낮의 길이가 짧아져 가고 있는 어느 순간에 짧아진 낮의 길이에 감응하여 꽃눈을 만드는 성질이며, 낮의 길이에 따라 이삭 패는 시기가 크게 변하는 것을 감광성이 크다고 한다. 각 품종별로 꽃눈을 만들기 위한 자신만의 낮의 길이(한계일장)보다 길면 꽃눈을 만들지 못한다. 만생종은 조생종 보다 더 짧은 낮의 길이에만 감응하기 때문에 이삭 패는 시기가 늦어진다. 해마다 날짜별로 낮의 길이가 같기 때문에 감광성이 큰 품종은 이삭 패는 시기가 비교적 일정하다. 낮의 길이에 감응하는 정도는 만생종일수록 크며 조생종으로 갈수록 적어진다. 그러나 적도 인근 열대지방은 낮의 길이가 매우 짧고 온도가 높기 때문에 우리나라 벼 품종을 재배할 경우 기본영양생장기간만 끝나면 바로 이삭이 만들어진다.

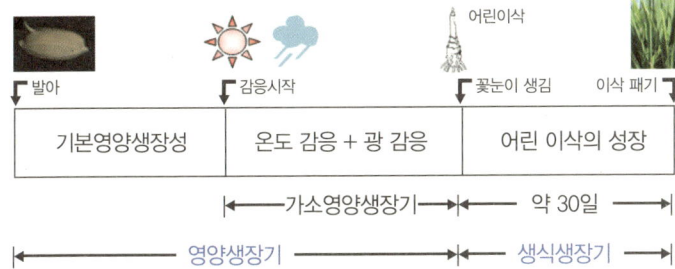

〈 발아에서 이삭 팰 때까지 벼의 생장단계 변화 〉

어린이삭

발아　　　　　감응시작　　　　　꽃눈이 생김　　이삭 패기

기본영양생장성	온도 감응 + 광 감응	어린 이삭의 성장

|◀──── 가소영양생장기 ────▶|◀── 약 30일 ──▶|

|◀──────── 영양생장기 ────────▶|◀── 생식생장기 ──▶|

〈 벼 생태형별 기본영양생장성, 감광성 및 감온성 차이 〉

(국립식량과학원, 2013)

생태형 평균	기본영양생장기간(일)	감광성(일)	감온성(일)
조생종(15품종 평균)	29	6.6	11.1
중생종(9품종 평균)	24.6	13.8	11.2
중만생종(14품종 평균)	20.1	15.8	8.5

※기본영양생장성: 낮의 길이 12시간, 평균기온 28℃ 조건에서 측정
※감광성: 낮의 길이 13.2시간과 14.2시간에서 이삭 패는 날짜의 차이
※감온성: 꽃눈형성~이삭 팰 때까지 평균온도 28℃와 24℃에서 이삭 패는 날짜의 차이

③ 감온성 : 온도는 꽃눈을 만드는데 필요한 절대적인 요인은 아니지만 온
도가 높아질수록 이삭 팰 때까지의 기간은 짧아진다. 온도가 높아지면
감온성이 큰 품종일수록 이삭 패는 기간은 더욱 짧아진다. 감온성은 대
체로 조생종이 크며 만생종일수록 적어진다. 봄부터 초여름까지 해마다
온도의 변화가 심한 지역에서 감온성이 큰 품종을 재배하면 매년 이삭 패
는 시기가 달라지므로 재배관리가 어려워진다.

품종별로는 다소 차이가 있지만 여러 품종의 평균값으로 보면 기본영양생
장기간은 조생종에서 가장 길고 중만생종으로 갈수록 짧아진다. 조생종은 감
온성이 감광성보다 크고, 중만생종은 감광성이 감온성보다 크지만 중생종은
감광성과 감온성의 길이가 대체로 비슷하다.

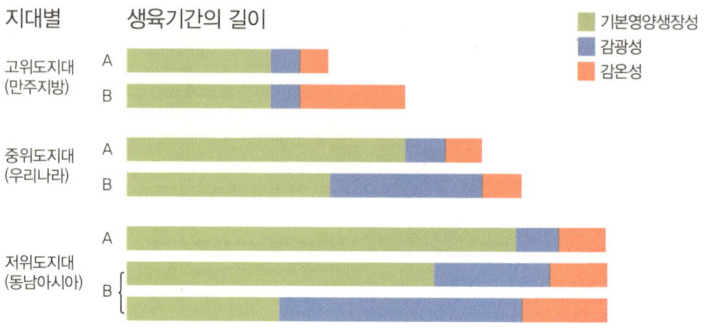

〈 위도에 따라 생육기간을 결정하는 요인 〉

지대별   생육기간의 길이   기본영양생장성
                                                        감광성
고위도지대 A   감온성
(만주지방) B

중위도지대 A
(우리나라) B

저위도지대 A
(동남아시아) B {

(4) 재배지역별 벼 생태형의 활용

① **고위도지역** : 위도가 높은 지역(만주지역 등)은 추위가 오기 전에 빨리 수확을 해야 하기 때문에 기본영양생장성과 감광성이 매우 적은 품종을 재배해야 이삭이 빨리 패고 안전하다. 고위도지역도 여름철에는 온도가 높게 올라가기 때문에 감온성이 어느 정도 있더라도 이삭 패는 시기에는 큰 문제가 없다.

② **중위도지역** : 우리나라가 이 지역에 해당된다. 감광성이 크고 감온성이 적은 품종(중만생종)은 이삭 패는 시기가 늦어져 생육량이 많으므로 다수확이 가능하며, 감온성이 크고 감광성이 적은 품종(조생종)은 여름철에 빨리 이삭이 패고 여물기 때문에 추석 햅쌀용으로 재배하거나 남부지역에서는 수확하고 나서 서둘러 준비하면 다음 작물을 재배할 수 있다.

③ **저위도지역** : 적도에 가까운 지역(동남아시아 등)이 이에 해당된다. 기본적으로 사시사철 낮의 길이가 짧고 온도가 높기 때문에 기본영양생장성이 커야 생육기간이 길어져 다수확이 가능하다. 그러나 기본영양생장성이 적고 감온성과 감광성이 큰 품종을 심으면 이삭이 빨리 패기 때문에 1년에 2번 이상의 벼농사도 가능하다.

〈 전분 알갱이와 전분체의 구조: 아밀로펙틴과 아밀로스 〉

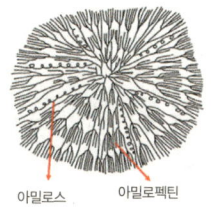

아밀로스   아밀로펙틴

〈 전분체가 결합하여 결정체 구조로 되어 가는 과정 〉

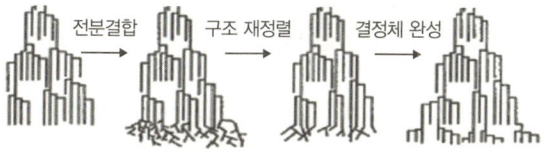

전분결합   구조 재정렬   결정체 완성

4 용도 및 성분에 따른 분류

(1) **멥쌀과 찹쌀** : 전분에는 2가지 종류가 있으며 찰기가 있는 아밀로펙틴 (amylopectin)과 찰기가 없는 아밀로스(amylose)로 나눌 수 있다. 찹쌀에는 아밀로스가 없고 아밀로펙틴만 있기 때문에 찰기가 매우 크다. 멥쌀에는 찰기가 없는 아밀로스가 어느 정도 들어 있어 적당한 찰기를 가진다. 찰밥 외에 우리가 일상적으로 먹는 밥의 탄수화물 성분은 아밀로스가 약 18% 내외, 아밀로펙틴이 약 75~80% 정도 들어 있다.

(2) **멥쌀의 종류** : 아밀로스의 함량이 서로 다른 멥쌀은 찰기가 달라진다. 찹쌀은 아니지만 멥쌀보다 약간 더 찰기가 있는 밥을 좋아하는 식성을 가진 사람들을 위해 아밀로스 함량을 좀 더 줄인 것을 '중간찰'이라고 하며 중간 찰은 아밀로스를 약 9~13%정도 함유하고 있다. 또한 동남아시아에서 대부 분 주식으로 이용하고 있고 손으로 밥을 집어 먹을 수 있을 정도로 찰기가 적은 쌀은 30% 내외의 아밀로스를 함유하고 있는데 이러한 쌀은 우리나라 에서 대부분 가공용으로 사용한다.

〈 다양한 종류의 특수미 〉

(국립식량과학원)

쌀눈이 큰 쌀 　　　　홍색미 　　　　녹색미

흑색미 　　　발아현미 　　　중간쌀(좌)과 일반쌀(우)

향미 　　　　　　적갈색미

(3) 기타 다양한 쌀 종류

① **유색미** : 유색미는 색깔에 따라 흑미, 적미, 녹미, 황색미 등으로 나눌
수 있다. 그러나 색깔을 나타내는 색소는 현미층에만 들어 있기 때문
에 유색미도 현미를 벗기면 내부는 일반 쌀과 같은 흰색이다. 현미층
의 색소는 항산화성분을 다량 함유하고 있어 건강식으로 이용한다.

② **향미** : 밥을 하면 특이한 향기가 나는 쌀을 향미라고 하며 먹는 사람
의 기호에 따라 선택이 가능한 다양한 종류의 품종이 있다.

③ **배아미** : 쌀눈에는 많은 기능성 성분과 영양소가 있기 때문에 쌀눈이
커지면 좋은 성분이 많아진다. 배아미는 일반 쌀보다 쌀눈이 3~4배
정도 큰 것을 말하며 현미가 흑색 또는 갈색인 것도 있다.

④ **가공용 쌀** : 양조용, 국수용, 제분용 등 가공용으로 활용한다.

⑤ **기타** : 당뇨병, 신장병 등 특이한 환자의 식사를 위한 쌀도 있다.

〈 우리나라에서 육성한 밥쌀용 벼 품종 〉

(국립식량과학원, 2015)

구분		조생종	중생종	중만생종
	최고품질 (13)	운광	고품,하이아미, 대보, 해품	미품,삼광,진수미,칠보, 영호진미, 호품,현품,수광
밥쌀용 (207)	고품질 (194)	고운,그루,금영,금오,금오벼3호,남원,대진,둔내,만나,만안,만추,만호,문장,백일미,보석,산들진미,삼백,산호미,삼천,상미,상산,상주,새상주,새오대,설레미,소백,신운봉,신운봉1호,아세미,아세미1호,오대,오대1호,오류,오봉,온다래,운두,운미,운봉,운장,인월,조광,조령,조아미,조안,조운,조평,주남조생,중산,중화,진미,진봉,진부,진부올,진옥,태봉,태성,평원,한들,한설,해담쌀,화동,화왕,황금보라,호농	간천,강백,광안,금안,금오벼1호,금오벼2호,내풍,농안,다보,대보,대평,동보,동해,만월,만종,만풍,맛드림,미광,미소미,보드라미,보라미,봉광,삼덕,삼평,상옥,서명,서안,서안1호,서진,석정,선품,소비,수라,수려진미,수안,신백,신보,안산,안성,안중,영보,영해,원황,장안,주안,중생골드,중안,진보,진품,청남,청명,청아,청안,팔공,풍미,풍미1호,해오르미,해찬물결,해평,화봉,화성,화영,화중,화진,화안	강찬,계화,금남,낙동,남강,남평,농호,다미,다청,대산,대안,대야,대청,동안,동진,동진1호,동진2호,동해진미,만금,만백,말그미,새계화,새누리,새신,새일미,새추청,서간,서평,소다미,수보,수진,신동진,안백,영남,온누리,일미,일품,종남,주남,주안1호,진백,청담,청운,청청진미,청해진미,청호,추청,친농,친들,탐진,평안,호농,호안,호진,호평,황금노들,하남,화남,화랑,화명,화삼,화신,화신1호,황금누리,희망찬

2. 벼의 품종

▨▨ 밥쌀용 벼 품종

2016년 현재 국가목록 등재품종으로 등록된 벼 품종은 약 270종이 넘으며 매년 새로운 품종이 등재되고 잘 심지 않는 일부 품종은 폐기된다. 품종의 구분은 용도에 따라 밥쌀용과 특수미로 구분된다. 밥쌀용 중에서도 밥맛이 매우 우수하고 수확량과 재배안정성이 높은 품종을 '최고품질벼'로 이름 붙여 별도로 분류하였다. 최고품질벼를 제외한 나머지 밥쌀용 벼 품종은 고품질로 분류되어 있으며 생태형에 따라 조생종, 중생종과 중만생종으로 분류되었다. 현재까지 육성되어 국가목록에 등재된 생태형별 품종 수는 비슷하지만 재배면적으로 보면 해마다 조생종이 12%내외, 중생종이 6%내외, 중만생종이 82%정도 재배된다.

〈 우리나라에서 육성한 특수미 벼 품종 〉

(국립식량과학원, 2015)

구분		조생종	중생종	중만생종
특수미 (79)	기능성 (8)	큰눈,눈큰흑찰	고아미3호,영안	고아미2호,고아미4호, 건양미,건양2호
	다수성 (14)	남일	남천,다산,다산1호,다산2호, 아름,안다,한아름	드래찬,세계진미,큰섬, 한마음,한아름2호,희망찬
	찰벼(16)	상주찰,설백,월백,진부찰, 청백찰,운일찰,진미찰	눈보라,보석찰,신선찰, 한강찰1호,해평찰,화선찰	동진찰,백설찰,백옥찰
	중간찰(3)			만미,백진주,백진주1호
	유색미 (13)	적진주, 조생흑찰,흑진 주, 적진주찰,눈큰흑찰, 눈큰흑찰1호, 조은흑미	홍진주,흑광,흑설	건강홍미,보석흑찰,흑남
	향미(9)	향미벼2호	설향찰,선향흑미	미향,아랑향찰,향남, 향미1호,흑수정,흑향
	가공용 (10)		대립벼1호,도담쌀,미면,새미 면,팔방미	고아미,새고아미,단미, 설갱,양조
	사료용(4)		녹양	목우,목양(만생),녹우
	밭벼(2)		농림나1호,상남밭벼	

2 특수미 품종

밥쌀용 벼 품종 외의 나머지는 모두 특수미로 분류되어 있으며 밥으로도 같이 이용되는 찰벼도 특수미로 분류되었다. 특수미 중에서 기능성으로 분류된 품종은 특별한 성분을 가지고 있거나 혹은 좋은 성분을 합성할 수 있어 신체의 건강을 좋게 할 수 있는 벼 품종이다. 다수성으로 분류된 품종은 주로 통일형 벼의 유전자를 가지고 있어 수확량이 많아 가공용으로 이용되는데, 다수성 품종은 대부분 식품 또는 가공업체와 계약을 통하여 재배되며 수확된 쌀의 전부를 수매해간다. 사료용은 이삭 패는 시기가 매우 늦으며 키가 크고 튼튼하여 식물체의 생산량이 많기 때문에 풋베기 사료로 이용하기 위해 육성된 품종들이다.

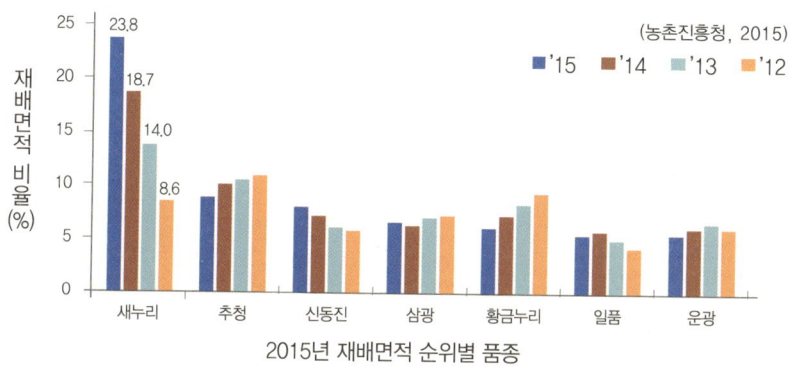

< 최근 많이 재배된 벼 품종: 2015년을 기준한 재배면적 순서 >

3 주요 벼 품종의 재배면적

농가에서 많이 재배하는 품종의 선호도는 해마다 국가정책, 지방자치단체와 RPC 및 농업인들의 선택에 따라 달라진다. 90년대까지 가장 많이 재배되었던 동진벼는 이제 거의 사라졌고 2000년대에는 신동진벼, 일품벼, 추청벼, 호품벼 등이 많이 재배되었다.

2015년도에 재배면적이 많았던 품종을 분석해 보면 충남과 전남지역에서 많이 재배된 새누리의 재배면적이 급격히 증가하여 전국 재배면적의 23.8%를 차지하였다. 추청은 재배면적이 조금씩 줄어드는 추세이며 경기도에서 주로 재배되었고, 신동진은 재배면적이 조금씩 증가하고 있으며 전북지역에서 주로 재배되었다. 최고품질벼의 하나인 삼광은 충남에서 가장 많이 재배되었으며 그 다음이 경북지역이었다. 황금누리는 전남과 충남에서 많이 재배되었고 해마다 재배면적이 조금씩 줄어드는데 그 이유는 충남과 전남지역에서 황금누리 대신 새누리로 품종을 바꾼 농가가 많았던 것으로 보인다. 경기도 지역을 목표로 육성한 일품은 경북지역에서 주로 재배하고 있다. 최고품질벼 중에 유일한 조종생인 운광은 경기도에서는 재배면적이 매우 적었고, 강원지역과 나머지 각 지역의 중산지와 중산간지역에서 골고루 재배되었다.

〈 벼 품종개발 과정 〉

(국립식량과학원)

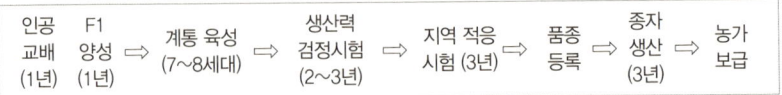

| 인공
교배
(1년) | F1
양성
(1년) | ⇨ | 계통 육성
(7~8세대) | ⇨ | 생산력
검정시험
(2~3년) | ⇨ | 지역 적응
시험 (3년) | ⇨ | 품종
등록 | ⇨ | 종자
생산
(3년) | ⇨ | 농가
보급 |

〈 여교잡에 의한 품종개발 〉

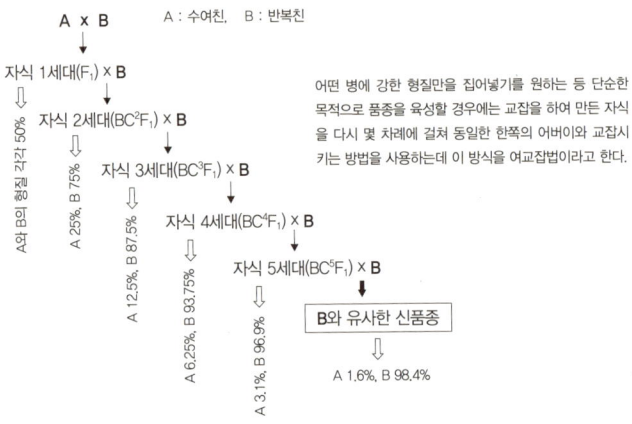

A × B   A : 수여친,   B : 반복친

자식 1세대(F₁) × B

A와 B의 형질 각각 50%

자식 2세대(BC²F₁) × B

A 25%, B 75%

자식 3세대(BC³F₁) × B

A 12.5%, B 87.5%

자식 4세대(BC⁴F₁) × B

A 6.25%, B 93.75%

자식 5세대(BC⁵F₁) × B

A 3.1%, B 96.9%

B와 유사한 신품종

A 1.6%, B 98.4%

어떤 병에 강한 형질만을 집어넣기를 원하는 등 단순한 목적으로 품종을 육성할 경우에는 교잡을 하여 만든 자식을 다시 몇 차례에 걸쳐 동일한 한쪽의 어버이와 교잡시키는 방법을 사용하는데 이 방식을 여교잡법이라고 한다.

3. 벼의 품종 개발(육종)

🌾 벼 육종기술

(1) **순계분리와 도입육종** : 육종기술의 체계가 제대로 갖추어지지 못한 초기에는 국내 재래종들을 수집하여 우수한 순계를 선발하여 품종으로 지정하거나 외국에서 개발한 품종 중에 잘 적응하고 우수한 것을 품종으로 지정한다.

(2) **교잡육종** : 서로 다른 품종을 교잡하면 자식의 몇 세대까지는 양친의 성질이 다양하게 섞인 개체들이 나타난다. 이들 후대 개체 중에 우리가 필요로하는 것이 있으면 검정을 통하여 품종을 만든다. 육성된 대부분의 품종이 여기에 속한다. 그러나 어떤 병에 강한 유전자만을 집어넣는 것 등 단순한 육종을 목표로 할 경우에는 여교잡법을 사용한다.

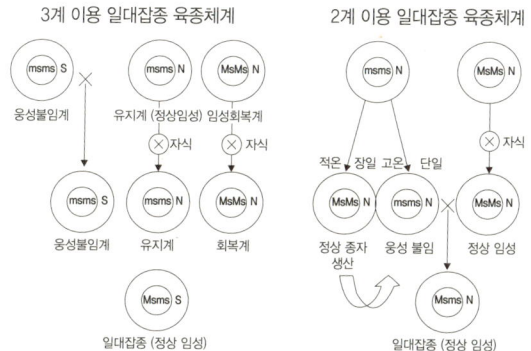

〈 벼 1대잡종 종자생산체계 〉

(국립식량과학원)

(3) **돌연변이 육종** : 돌연변이는 자연적으로 발생하는 경우도 있으나 매우 드물고 발견하기가 어렵기 때문에 인위적으로 돌연변이를 만든다. 주로 방사선과 화학물질이 이용되는데 방사선이 강할수록, 화학물질의 농도가 높고 사용시간이 길수록 돌연변이율은 증가하지만 성공률은 낮다. 인위적 돌연변이는 특정한 유전자에서만 변이가 일어난다. '설갱'이나 '고아미2호' 등이 이 방법을 통해 개발되었다.

(4) **일대잡종 육종법(Hybrid 육종법)** : 유전자가 서로 다른 품종끼리 교배하여 생기는 자식은 양친보다 생장이나 생산성에서 우수해지는 잡종강세 현상이 생긴다. 주로 다른 꽃가루받이를 하는 작물의 육종법으로 활용되어 왔지만 최근에는 야생벼/재배벼의 교잡에서 발견된 세포질웅성불임성과 인디카/자포니카의 교잡에서 발견된 세포질웅성불임성을 이용하면 자연적으로 일대잡종 종자를 얻을 수 있다. 중국에서는 현재 여러곳에서 이 방법을 시행하고 있다. 한국이나 일본에서도 일대잡종 품종을 개발하였지만 품질이 떨어지고 생산 효율이 낮아 잘 활용하지 않는다.

※ 세포질웅성불임: 세포질 유전자의 방해로 꽃가루를 만들 수 없기 때문에 꽃이 피더라도 꽃가루가 없어 다른 식물의 꽃가루가 들어와야 수정이 된다.

〈 체세포분열과 감수분열 〉

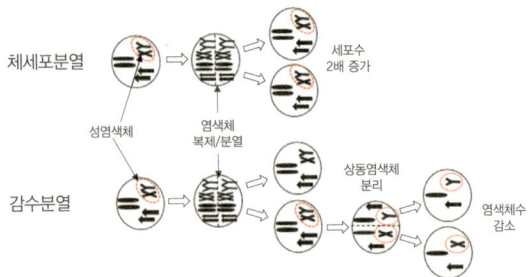

※ 암수로 구별되는 성염색체는 암수 모두 상동염색체를 반으로 나누어 수정하면 배우자의 성염색체와 결합되어 다시 상동염색체로 복원된다.

(5) **염색체 조작** : 염색체의 수나 구조가 변하면 식물체의 형태와 특성도 변한다. 염색체 수를 인위적으로 조작하면 반수체(1/2), 배수체(2배), 이수체(기타) 등을 만들 수 있다. 배수체는 유전자에 콜히친을 처리하거나 상호간 인공교배를 하여 동질4배체와 동질3배체, 복2배체 등을 만들어 작물육종에 이용한다. 반수체는 성염색체이기 때문에 조직배양, 꽃가루배양(약배양), 배배양 등으로 얻을 수 있다. 벼의 경우 교잡된 잡종1세대의 꽃가루를 배양하여 얻은 반수체를 복제시켜 접합체를 만들면 짧은 기간 내에 품종개발이 가능하다. 이러한 꽃가루배양(약배양) 기술로 만들어 낸 품종은 주로 품종의 이름을 '화'자로 시작한다(화성벼, 화영벼, 화남벼, 화선찰벼 등).

(6) **세포융합 및 유전자 전환** : 세포융합이나 유전자 전환 기술을 이용하면 인공교배가 불가능한 다른 종이 가지고 있는 유용한 유전자를 원하는 품종에 집어넣을 수 있다. 이 방법을 활용하면 다양한 유전자 조합을 만들어 생물의 다양성을 크게 넓힐 수 있다. 이렇게 육성된 품종을 유전자 재조합 식물(GMO, Genetically Modified Organism 또는 LMO, Living Modified Organism)이라고 한다. 유전자재조합으로 만들어진 콩과 옥수수 등이 많이 재배되고 있지만 우리나라에서 재배가 금지되어 있다.

(국립식량과학원)

구분	'60년까지	'70	'80	'90	'00	'10년 이후
육종 방법	순계분리		교배육종 (계통, 집단 등)			
	도입육종	열대인자도입	종간잡종·돌연변이·꽃가루배양			유전자선발
생태형	재래종	자포니카		자포니카형		
	도입종		통일형		신초형	
주요 특성	극만생종	·다수확	양질		고품질(밥쌀)	
	큰 키	벼 키를 줄임	중간 키		특수미(가공, 기능성)	
	긴 까락	비료흡수력 우수	특수미(색, 향)		사료용	
	병해충 약함	냉해 약함	일부 병에 강함		각종 병에 강함	

2 우리나라 벼 육종 기술의 변천

(1) 1960년대에는 자포니카 품종끼리 서로 교잡하는 교잡육종이 주를 이루었다. 쌀이 매우 부족하던 시대였으므로 목표로 하는 품종은 수확량을 높이기 위해 질소비료의 흡수력이 좋은 품종, 포기수를 더 심을 수 있도록 초형이 우수하면서 쓰러짐에 강하고(내도복성) 병에 강하며(내병성 품종), 이모작 재배를 위해 수확시기가 빠른 품종(조숙성)과 수확량이 많은(다수확) 품종 등이었다.

(2) 1970년대에는 열대지역에서 주로 재배하고 있는 인디카 벼의 유전자원을 적극 활용한 시기였다. 자포니카와 인디카의 교잡을 통하여 쓰러짐과 병해충에 강하면서 다수확을 할 수 있는 품종개발에 집중하였다. 이에 따라 키가 작고(단간) 잎(초형)이 바로서면서(직립형) 수확량이 월등히 많은 통일형 품종을 개발하여 식량의 자급을 달성하였다(1977년). 그 후, 통일형 품종이 가진 큰 단점이었던 저온에 약한 특성, 좋지 않은 미질과 수확할 때 낱알이 쉽게 떨어지는 점을 보완하였다. 그리고 이 시기에 도열병, 흰잎마름병, 줄무늬잎마름병 및 벼멸구 등 주요 병과 해충에 대한 검정체계가 확립되어 병해충에 강한 벼 품종을 만드는 육종기술이 한 단계 상승하였다.

〈 통일형벼 재배면적 변화와 녹색혁명 달성 〉

(농촌진흥청)

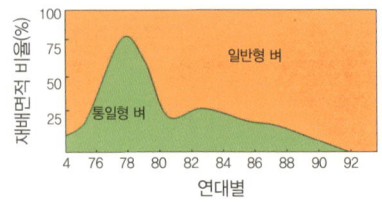

綠色革命成就

(3) 1980년대에는 통일형 벼의 품질개선에 총력을 기울였다. 1980년의 냉해로 큰 피해를 입은 후 이에 대한 대책으로 냉해에 강한 품종을 육성하고 쌀의 형태를 보다 둥글게 만들며 밥맛을 향상시키는데 중점을 두었다. 또한 자포니카 품종이면서도 키가 작고 쓰러짐에 강한 품종을 개발하였다. 그리고 벼의 꽃가루 배양 육종기술이 실용화되어 12~15년 정도가 필요했던 품종 육성기간을 5~6년으로 단축시켰다. '화성벼'는 우리나라가 세계 최초로 꽃가루배양 기술로 육성한 품종이다.

(4) 1990년에는 자포니카 품종의 초형을 개량하고 쌀의 품질을 향상시켜 수확량이 1,000㎡당 500kg이 넘으면서도 밥맛이 좋은 고품질 품종을 다양하게 개발하였다.

(5) 2000년대에는 수확량을 지속적으로 증가시킴과 동시에 세계화에 맞추어 미질과 밥맛 향상에 중점을 두었다. 여교잡법을 활용하여 여러 가지 도열병에 강한 품종을 개발하였고, 야생벼의 유전자를 도입하는 기술과 우수한 유전자를 골라서 선발하는 기술 등 생명공학 연구가 활발히 추진되고 있다. 최근에는 쌀의 겉모양과 밥맛을 더욱 좋게 하면서 도정수율과 완전미 비율이 높은 품종을 육성하고 있으며 또한, 기후온난화에 잘 적응할 수 있는 품종도 개발하고 있다.

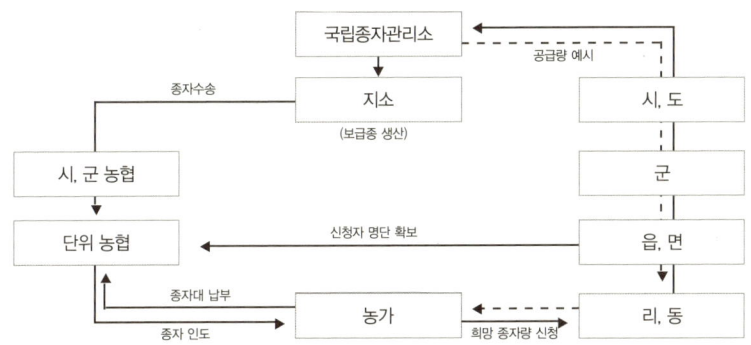

〈 우리나라 벼 종자증식 체계 〉

기본식물 → 원원종 → 원종 → 보급종 → 농가

〈 벼 신품종의 종자신청과 보급 체계 〉

품종의 보급체계

(1) 기본식물 : 육종가(연구소)가 자신이 개발한 품종의 순도를 유지하기 위해 매년마다 재배하여 생산한 종자

(2) 원원종 : 육종가로부터 기본식물을 분양 받아 각 도에 소속된 농업기술원에서 증식하는 종자를 말하며 순도가 확실한 종자만을 수확하기 위해 심은 벼의 50% 정도만 수확한다.

(3) 원종 : 원원종을 분양 받아 농산물원종장에서 재배하여 수확한 종자를 말하며 종류가 다르거나 불량한 식물체를 제거한 후 수확하며 수확량은 전체의 80% 정도만 한다.

(4) 보급종 : 농가에 보급할 종자를 마련하기 위해 원종에서 분양 받아 채종포에서 생산한 종자를 말한다. 채종포는 국립종자원과 시·군 등 지방자치단체나 농업단체 등에서 운영한다. 다른 인근의 품종과 격리하여 재배해야 하며 수확량의 100%를 보급종으로 사용한다.

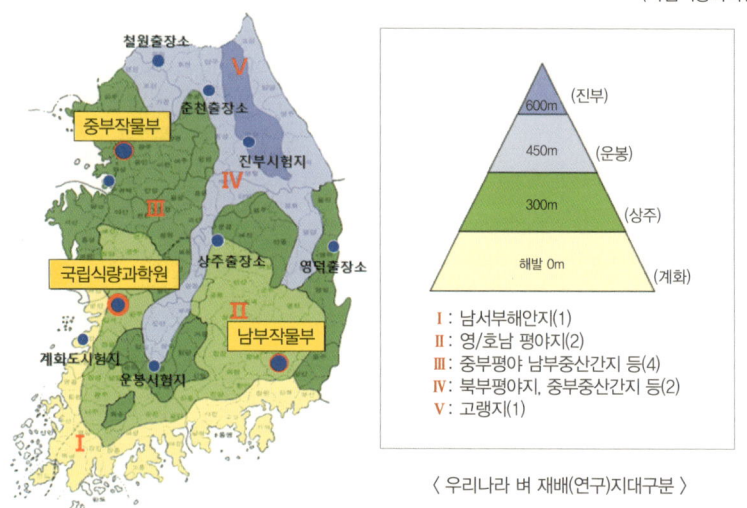

〈 우리나라 벼 재배(연구)지대구분 〉

▨▧ 벼 품종개발 기관

쌀은 국민의 가장 중요한 식량이기 때문에 정부가 중심이 되어 품종을 개발한다. 농촌진흥청에 소속된 국립식량과학원에서 그 역할을 담당하고 있지만, 최근에는 도에 소속된 일부 농업기술원에서도 수행하고 있다.

전국적으로 각 지역에 적합한 품종을 육성하기 위하여 벼의 재배지대를 구분하여 평야지, 해안지 및 산간지 등으로 나누고, 농업기상과 벼의 생태를 고려하여 전국을 5지대 11세부지역으로 구분하고 있다.

(1) 평야지 : 호남지역(전주, 국립식량과학원 본부), 중부지역(수원, 국립식량과학원 중부작물부), 영남지역(밀양, 국립식량과학원 남부작물부)

(2) 특수지역 : 고랭지(강원도 진부), 중산간지(강원도 진부, 전라북도 운봉), 중간지(강원도 철원, 경상북도 상주), 간척지(전라북도 계화) 등의 특성에 잘 적응하는 품종을 육성한다.

제10장

쌀의 품질과
식미(밥맛)

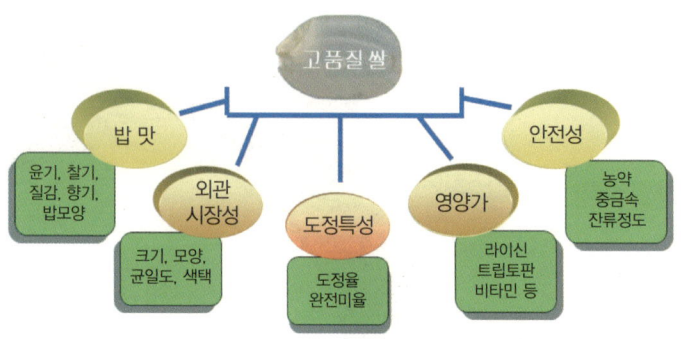

〈 쌀 품질의 구성 요소 〉

1. 쌀 품질의 개념

1 고품질쌀

쌀의 품질을 단순하게 이야기하기는 힘들다. 일반적으로 쌀알이 맑고 밥맛이 좋으면서 영양가와 도정수율이 높고 식품으로 안전한 것이 좋다. 또한 단백질과 아밀로스가 적정 수준으로 낮게 들어있으며 고유한 밥맛을 가진 쌀을 고품질 쌀로 정의할 수 있다.

2 미질의 구성요소

(1) **밥맛** : 윤기와 찰기, 질감, 향기, 밥모양 등

(2) **시장성** : 크기, 모양, 균일도, 색깔과 윤기 등

(3) **도정특성** : 도정수율, 완전미 비율 등

(4) **영양가** : 아미노산, 비타민, 기능성 성분 등

(5) **안전성** : 농약이나 중금속 등 유해물질이 들어 있는지 여부

3 미질과 관련된 이화학적 특성

(1) **아밀로스** : 전분 중에서 찰기가 있는 것을 아밀로펙틴, 찰기가 없는 것을 아밀로스라고 한다. 쌀의 아밀로스함량이 높으면 찰기가 줄어드는데 우리가 먹는 대부분의 쌀은 아밀로스 함량이 17~20% 정도이다.

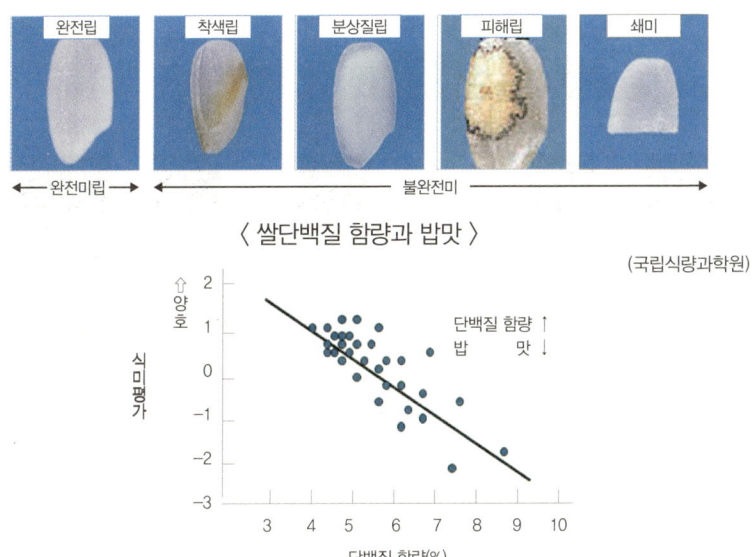

〈 완전미와 불완전미의 비교 〉
(국립식량과학원)

완전립 | 착색립 | 분상질립 | 피해립 | 쇄미

← 완전미립 → ← 불완전미 →

〈 쌀단백질 함량과 밥맛 〉
(국립식량과학원)

단백질 함량 ↑
밥   맛 ↓

식미평가 (양호 ↑)

단백질 함량(%)

(2) **단백질** : 벼가 익을 때 광합성을 통하여 만든 물질을 벼 종자로 이동시키고 모양을 변형시켜 전분으로 저장하는 일은 수많은 효소들이 나누어 담당한다. 이러한 효소들은 여물기가 끝나면 종자에 그냥 남아 저장단백질로 남게 되어 쌀의 단백질이 된다. 쌀의 단백질함량이 높으면 밥맛은 나빠지는데 재배환경이 좋지 않으면 단백질 함량이 높아진다.

4 완전미와 밥맛

도정하고 난 뒤 쌀의 모양을 온전히 갖추고 있거나 일부가 소실되더라도 3/4이상 쌀의 모양을 갖추고 있는 쌀을 완전미(head rice)라고 한다. 깨진 쌀로 밥을 지으면 쌀 내부의 탄수화물 입자가 깨진 부분을 따라 풀어져 나와 죽의 형태가 되지만 완전미로 밥을 지으면 쌀 외층 막의 보호에 의해 내부의 전분이 밖으로 나오지 않기 때문에 온전한 밥이 만들어진다. 완전미 비율이 90%는 넘어야 좋은 품질로 인정받을 수 있다.

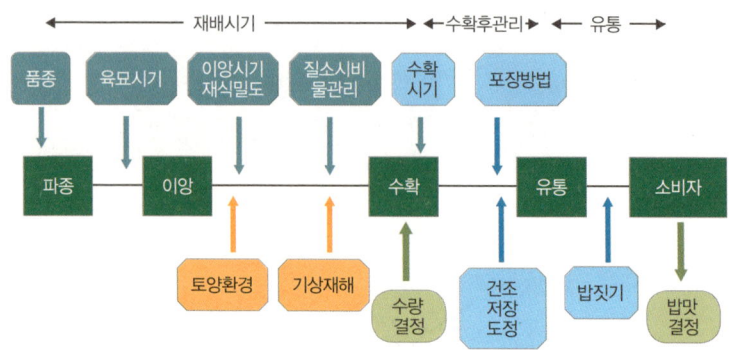

〈 쌀의 품질과 식미 관련 요인 〉

2.고품질 쌀의 생산

1 쌀 품질과 식미 관련 요인

우리가 먹는 밥의 맛을 좌우하는 단계는 매우 많다. 재배적인 측면에서는 품종과 모내는 시기의 선택, 비료와 물관리, 병해충방제 및 각종 기상재해 등이 관여하며 수확 후에는 건조, 저장과 도정 및 유통방법 등에 따라 달라지고 소비자에게는 밥을 짓고 활용하는 방법에 따라 밥맛이 달라진다.

2 재배방법에 따른 품질 변화

(1) **품종선택** : 재배하는 지역에서 밥맛과 품질이 우수한 품종 선택

(2) **모내는 시기** : 모내는 시기는 쌀 품질에 매우 큰 영향을 미친다. 모내는 시기를 앞당기면 벼의 이삭 패는 시기도 앞당겨지고 늦추면 이삭 패는 시기도 늦어진다. 모내는 시기가 중요한 이유는 모내는 시기가 다르면 이삭 패는 시기도 달라지고 여묾(등숙) 기간의 기상조건이 달라지기 때문이다. 재배하는 지역에서 여물기가 가장 좋은 기간에 맞추어 이삭이 팰 수 있도록 모내는 시기를 조절하는 것이 좋다. 그러나 모내는 시기를 너무 늦추면 벼의 생육기간도 짧아지고 수확량도 감소한다.

〈 여뭄이 좋아 탄수화물 저장이 많으면 쌀단백질 함량은 감소 〉

※왕겨 무게(천개) : 2.8g 가정

정조 무게(천개) :	24.0g	23.0	22.0
현미 무게(천개) :	21.2g	20.2	19.2
단백질 총함량 :	1.3g	1.3	1.3
쌀단백질 함량 :	6.1%	6.4%	6.8%

(3) 질소 주는 양 : 질소비료는 벼의 생육과 수확량을 결정지을 수 있을 정도로 매우 중요하다. 질소비료를 적게 주면 생육과 수확량이 줄어들지만 지나치게 많이 주었을 때는 다음의 여러 가지 이유로 품질이 나빠진다.

① 이삭수가 많아지고 이삭이 늦게 패며 패는 기간도 길어진다. 1포기의 이삭들이 모두 패는 기간은 약 1주일, 1필지에서는 10~14일 정도 걸리지만 이삭수가 많으면 더 길어지게 된다. 이삭이 늦게 패서 여무는 기간 동안 저온의 피해를 받을 수도 있으며 이삭 패는 기간이 길어지면 이삭마다 여뭄 정도가 달라져 수확 후에는 전체적인 품질이 나빠진다.

② 쓰러짐(도복) 발생 : 질소가 많으면 벼의 생육이 무성해지고 키가 커지면서 연약해져 강한 바람이 불거나 많은 비가 오면 쉽게 쓰러진다. 벼가 쓰러지면 서로 겹쳐져 광합성을 제대로 할 수 없기 때문에 여뭄이 매우 나빠진다. 쓰러지는 시기가 빠를수록 수확량이 더욱 크게 줄고 품질은 더욱 나빠진다. 쓰러져 있는 기간이 길어지면 익은 볍씨가 발아(수발아)하여 쌀 품질을 매우 나쁘게 만든다.

③ 병해충 발생 : 병이나 해충은 살아가고 번식하기 위해 반드시 단백질(질소)이 필요하므로 단백질이 많이 들어 있는 벼를 좋아한다. 따라서 질소를 많이 흡수한 벼에서 병해충의 발생이 당연히 많아진다.

〈 포기수와 이삭수가 많으면 나눌 햇볕은 줄어든다 〉

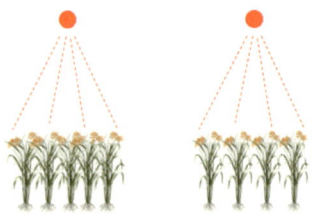

벼를 많이 심는다고 햇볕은 더
비치지 않는다.

벼가 많으면 햇볕을 서로 나누어
야 하므로 광합성에 불리하다.

〈 이삭 팬 후 일평균기온의 합이 1,100℃일 때가 수확 최적기 〉

(최경진 등, 2015)

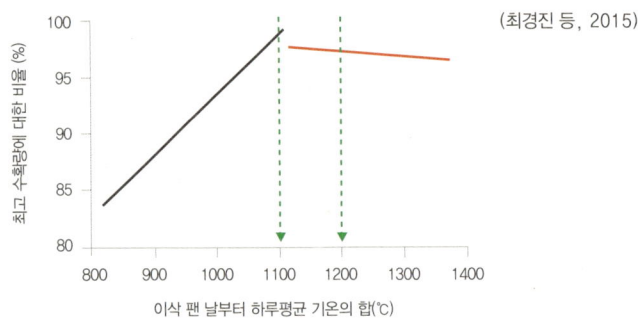

④ 광합성의 감소: 질소를 많이 주어 줄기수와 이삭수가 많아지면 각각
의 잎으로 가는 햇볕이 적어져 여뭄에 불리하고 단백질이 많아진다.

3 여뭄 기간의 기상과 쌀 품질

(1) 수확시기 판정 : 벼는 이삭 팬 후 기온이 높을수록 여무는 속도가 빨라
지고 여무는 기간이 짧아진다. 수확에 적합한 시기는 이삭이 팬 날부터 하루
평균기온을 계속 더해보면(적산온도) 된다. 하루 평균기온을 매일 더하여
합친 온도가 1,100~1,200℃ 정도일 때 수확하는 것이 가장 좋다. 합친 온도
가 1,100℃ 이하가 되면 벼알이 충분히 여물지 못하게 되며 1,200℃를 넘으
면 깨진쌀(동할미)이 많이 생길 수 있다. 1,100℃를 기준으로 수확을 할 경
우 이삭이 팬 날부터 여무는 기간의 평균기온이 27℃면 약 41일, 24℃면 약
46일, 21℃면 약 52일이 걸린다.

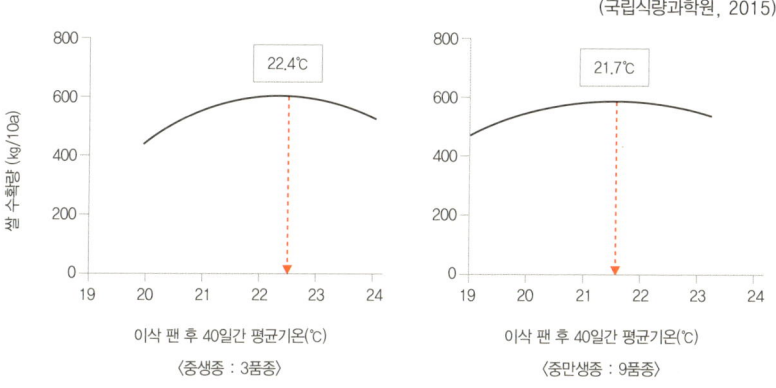

〈 이삭 팬 후 40일간의 평균기온이 21.5~22.5℃일 때가 여뭄에 좋음 〉

(국립식량과학원, 2015)

(2) 여무는 시기의 온도 : 여무는 기간의 기온이 높으면 여뭄을 도와주는 효소들의 활력이 왕성해져 광합성으로 만들어진 당과 탄수화물을 빠른 속도로 이동시키고 저장하지만 조기에 활력이 떨어져 여뭄도 일찍 끝난다. 특히 온도가 높으면 야간의 온도도 높기 때문에 호흡량이 증가하여 저장된 탄수화물을 호흡으로 다시 사용하므로 탄수화물의 저장량도 감소한다. 따라서 단백질함량은 상대적으로 증가하게 된다. 조생종을 평야지에서 재배하면 품질과 밥맛이 나빠지는 것도 같은 이유다. 여무는 기간의 온도가 너무 낮아도 여뭄이 중단되기 때문에 적합한 온도에서 여뭄이 이루어져야 전체적인 탄수화물 저장량이 많아지고 단백질함량도 감소하여 쌀 품질이 향상된다. 여뭄기간 동안 온도가 낮아질수록 여뭄을 도와주는 효소들의 활력은 점차로 낮아진다. 여뭄에 좋은 온도에서는 온도가 높을 때 보다 효소들의 활력이 다소 약해지지만 수명이 길어 오랫동안 활동하기 때문에 전체 기간으로 보면 탄수화물의 저장량이 훨씬 많아진다. 여뭄에 좋은 온도는 품종별로 다소 차이는 있지만 이삭 팬 후 30일간 평균기온으로 보면 22.0~23.0℃, 이삭 팬 후 40일간 평균기온으로 보면 21.5~22.5℃가 좋다.

〈 9월하반기에 기온이 높으면 쌀 수확량은 증가하고 일조시간이 적으면 쌀 수확량은 감소 〉

(국립식량과학원, 2012)

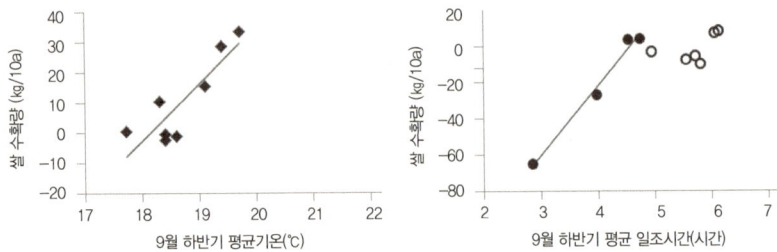

특히, 여뭄 후기에 해당하는 9월 하반기까지(이모작 지역은 10월 상순까지)
온도가 높으면 여뭄 효소들이 활동을 계속하여 탄수화물을 추가로 저장하
므로 쌀 수확량이 증가하고 품질도 향상된다. 특히, 이 시기의 온도가 높으
면 이모작으로 재배되는 벼에게 매우 도움이 된다.

(3) 여무는 기간의 일조시간 : 햇볕이 비치는 시간을 뜻하는 일조시간은 광
합성에 직접적인 영향을 미치기 때문에 매우 중요하다. 하루 종일 햇볕이 난
다고 반드시 여뭄과 수확량이 증가하지는 않으며 하루에 약 7시간 정도의
일조시간이 벼의 여뭄에 가장 유리하다고 한다. 특히, 여뭄 후기에 해당하는
9월 하반기에는 하루 일조시간이 5시간 이하로 부족하면 수확량이 크게 감
소하고 품질이 나빠진다.

3. 유색미 재배

유색미의 특징

유색미의 색은 매우 다양하며 현미의 색깔이 흑색이나 흑자색을 띠는 것
은 주로 안토시아닌계 색소가 함유되어 있고, 적색이나 적갈색을 띠는 것은
탄닌계 색소가 함유되어 있다. 이러한 성분들은 기능성물질로 항산화, 발암
억제 능력이 있어 먹으면 건강에 도움이 된다.

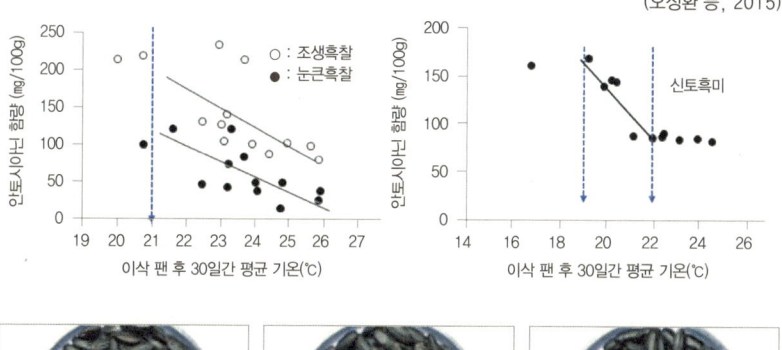

〈 유색미 품종들의 온도별 색소함량 변이 〉

(오성환 등, 2015)

색소 적음

색소 보통

색소 많음

2. 유색미 색소 함량 변화

유색미가 함유하고 있는 색소는 재배되는 지역에 따라 차이가 많으며 일반적으로 기온이 낮은 지역에서 생산되면 색이 진해지고 색소의 함량이 증가하는데 지역에 따라 색소함량이 약 10배 가까이 차이가 난다. 유색미는 잘 여물어 색소를 많이 함유하여 고유의 색깔이 뚜렷하게 나타난 것이 품질이 우수하다.

3. 적합한 여뭄 온도

여무는 기간의 기온이 낮아지면 색소는 많이 만들어지지만 수확량이 크게 줄어들기 때문에 일정한 수확량을 얻으면서 색소도 충분하게 만들 수 있는 온도라야 한다. 조생종은 이삭 팬 후 30일간 평균기온이 22~23℃, 중만생종은 21.0~22.0℃가 좋다. 유색벼는 고품질 쌀 생산을 위한 여뭄 온도와 같거나 약간 낮게 재배하는 것이 유리하다.

제11장

기상재해와
환경 스트레스

〈 연도별 풍수해 발생면적 〉 〈 우리나라를 지나는 태풍의 유형 〉

연도별	피해면적 (천ha)	연도별	피해면적 (천ha)
1981	92	1991	50
1982	34	2002	166
1986	82	2003	85
1987	217	2004	28
1989	18	2012	111

※ 1만ha 이상 피해 연도만 표시

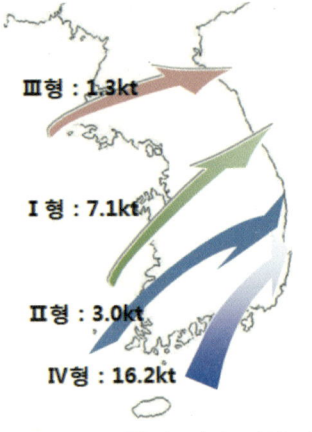

※ 주) 1노트(kt)=1,852km/h

1. 풍해

🌾1 풍해의 종류

우리나라는 풍수해가 상습적으로 발생하는데 옛날 조선시대에도 풍해에 관한 기록이 339년간 20회나 된다. 바람은 일반적으로 벼의 생장에 이롭지만 풍해는 벼가 바람의 위력을 당하지 못할 때 발생하는데, 태풍에 의한 피해가 일반적이다. 그리고 바다로부터 염분이 포함된 태풍 또는 거센 바람이 불어올 때 피해를 입는 조풍해, 높은 산맥이 있을 때 산을 넘어오면서 온도가 높아지고 건조해진 바람(높새바람)에 의한 피해 등이 있다.

🌾2 풍해의 실태

(1) 태풍의 발생 시기와 유형

적도 근처 열대지방에서 발생하는 태풍이 우리나라에 오는 시기는 주로 7~9월 경이며 이때에는 장마와 일치하여 큰 피해를 입게 된다. 우리나라를 지나는 태풍 중에서도 중서부해안에 상륙하여 중부지방을 관통하고 동해로 빠져나가는 Ⅱ형의 피해가 가장 크다.

〈 우리나라에 오는 태풍의 수 (국가태풍센터) 〉

(1951~2015, 65년간)

연대별	7월	8월	9월	계(%)
'50년대	0.7	0.9	1.3	2.9
'60년대	1.1	1.2	0.5	2.8
'70년대	1.1	1.4	0.7	3.2
'80년대	0.8	1	0.6	2.4
'90년대	1.3	1.1	1.8	4.1
2000년대	1	1	0.3	2.3
평균	1	1.1	0.9	3.0

〈 이삭 패기 전후 날짜별 풍해〉

(국립식량과학원, 2012)

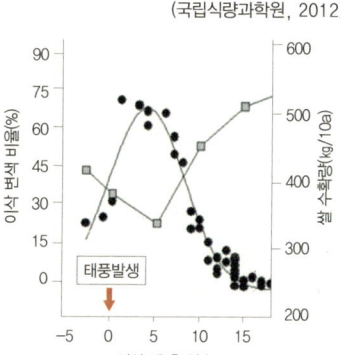

(2) 태풍(폭풍)의 피해

　우리나라에 오는 태풍은 평균 3.0개로 7~9월에 각각 1개씩 비교적 균등하게 영향을 미친다. 태풍의 피해는 태풍의 강도, 지속시간, 통과 당시의 벼 생육시기에 따라 달라진다. 이삭이 패기 전에 오는 태풍은 잎에 상처를 입히는 정도에 그치지만 이삭이 팬 직 후 태풍이 오면 불임이 발생하기 때문에 큰 피해를 준다. 그 중 이삭 팬 후 3~5일경에 지나가는 태풍의 피해가 가장 크다. 또한 여뭄 초기와 중기의 태풍은 벼 알을 변색시키고 여뭄비율을 떨어뜨린다. 그러나 태풍의 영향으로 흰잎마름병과 벼멸구 등의 병해충도 쉽게 발생하기 때문에 2차적 피해도 결코 무시하지 말아야 한다.

〈 태풍으로 변색된 이삭과 조풍피해 현장 〉

(국립식량과학원)

〈 태풍에 의한 벼알의 피해와 수확량 〉

(重夂, 1957)

구분	무피해	1/3변색	2/3변색	완전변색
변색립 비율(%)	15.6	26.5	36.4	21.5
현미/볍씨 비율(%)	92.3	85.1	78.8	35.4
완전미 비율 (%)	95.8	90.6	85.8	73.8
현미 1,000개 무게(g)	22.4	21.8	21.1	19.6
수확량 지수	100	84.9	72.1	25.9

※ 수확량 지수는 무피해를 100으로 한 지수임.

(3) 조풍해

태풍이 통과하는 지역 중에 바닷가에서 멀지 않은 지역은 염분이 포함된 바람이 불거나 방파제와 충돌하여 부서진 파도가 바람을 타고 논으로 날아가 피해가 아주 심해지는 경우가 많다. 이러한 피해를 조풍해라고 하는데 조풍해가 자주 발생하는 지역은 해안에 근접한(간척지 등) 지대이면서 바람을 잘 타는 경사면에 있거나 넓은 구역에서 좁은 구역으로 바람이 몰려서 통과하는 지리적 특성을 가진다. 조풍의 피해는 잎의 끝부분이 흰색으로 마르고 바람이 닿지 않는 부분은 녹색으로 남아 있는 것이 특징이며, 이삭 패는 시기를 전후하였을 때는 논 전체가 이삭이 희게 마르는 증상(백수현상)을 보이기도 한다. 또한 벼의 줄기가 마르거나 벼 알이 갈색으로 변한다.

〈 이삭 패는 시기의 건조풍에 의한 흰이삭 발생 (백수현상) 〉

(국립식량과학원)

〈 이삭 패는 시기 전후 건조풍에 의한 백수피해 정도 〉

(농촌진흥청, 1988)

통과시기	백수율(%)	수확량감소 (%)
이삭 패기 6일 전	5이상	5이하
이삭 패기 3일 전	10	20
이삭 패는 시기	35	40
이삭 팬 후 3일	45	60
이삭 팬 후 6일	20	30

(4) 건조풍해

특히, 이삭이 희게 마르는 백수현상은 온도가 높고(25℃ 이상), 습도가 낮으며(65% 이하) 풍속이 초속 8m이상인 강풍에 의해 발생하는데, 짧은 시간 동안 벼가 많은 수분을 빼앗겨 완전히 불임이 된다.

3 풍해경감 대책

(1) 사전대책

① 방풍림 설치(나무 높이의 10배 거리까지 효과가 있음)

② 재배적 방법 : 질소비료를 적게 주고, 태풍통과가 예상될 때는 물을 깊게 대어 흰 이삭 발생과 쓰러짐을 방지한다.

(2) 사후대책

① 수분공급 : 태풍이 지나간 후 흰 이삭이나 이삭 변색이 예상되면 6시간 이내에 물을 충분히 살포하면 여뭄비율을 높일 수 있다.

② 2차적으로 따라오는 흰잎마름병과 멸구류 방제를 철저히 한다.

〈 벼 생육단계별 침관수 피해 양상 〉

생 육 단 계	피 해 양 상
– 모낸 직후	– 잎, 줄기의 길이가 커짐 → 쓰러짐, 말라죽음
– 새끼치는 시기	– 새끼치기가 늦어짐 → 이삭이 늦게 패고 이삭수 감소
– 어린이삭 형성기	– 벼알 감소, 어린이삭 마름 → 이삭수와 벼알수 감소
– 꽃가루 형성기 ~ 이삭 패는 시기	– 불임발생, 이삭이 마름 → 이삭이 늦게 패고 이삭수 감소
– 여뭄 기간	– 발육이 정지된 벼알수 증가 → 여뭄비율과 여뭄정도 및 수확량 감소
– 성숙기	– 수발아, 깨진 쌀, 청미증가 → 품질저하, 수확량 감소

〈 침관수로 벼가 피해를 입는 생리적 과정 〉

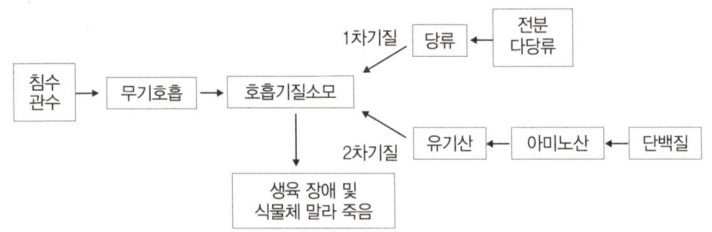

2. 수해(침관수 피해)

1️⃣ 침관수 피해란

식물체 일부가 수면위에 노출된 상태인 침수피해와 식물체 전체가 물에 잠긴 상태인 관수피해를 합하여 이르는 말이다.

2️⃣ 피해의 유형 분류

침관수의 피해정도는 ① 침관수 기간 ② 물 흐름의 정도 ③ 물의 온도 ④ 수질 등에 따라 달라진다. 피해정도는 침관수 기간이 길 때 피해가 커지며 물의 상태에 따른 피해는 관수>침수, 흐린 물>맑은 물, 정지된 물>흐르는 물, 온도가 높은 물>온도가 낮은 물 등이다. 그리고 이들이 복합되었을 경우 그 피해는 더욱 커진다. 벼의 생육시기별로는 꽃가루 형성기>이삭 패는 시기>어린이삭 형성기>새끼가지 치는 시기 순으로 피해가 크다.

〈 침관수 후 물이 빠진 논과 흙앙금이 남은 벼알과 잎 〉

(국립식량과학원)

3. 피해 경감대책

침관수가 상습적으로 발생하거나 강수량이 많은 지역이 아니더라도 침관수는 불시에 일어날 수도 있어 대응책 마련이 쉽지 않다.

(1) 사전대책

침관수가 발생할 확률이 높은 지역에서는 쓰러짐과 병해충을 방지하기 위해 침관수에 강한 품종을 심고 질소는 20-30% 적게 주며 규산과 칼리비료는 20-30% 많이 준다. 물걸러대기나 중간물떼기를 자주하면 병해충 방제에도 도움이 된다. 그리고 집중호우가 예상되면 배수로의 물빠짐을 좋게 하고 물꼬를 여러 군데 설치하며 논둑을 보수하여 물이 차서 오래 머물지 않도록 한다.

(2) 응급대책

벼 잎의 끝이 물에 잠기면 서둘러서 물을 빼야 하며 논이 완전히 범람하여 물을 빼기가 어렵다 하더라도 가능한 양수기를 동원하여 물을 빼야 한다. 물이 차 있을 때에는 새끼줄로 물의 흐름을 일으키면 물속에 산소를 공급하고 잎에 흙앙금이 달라붙는 것을 막을 수 있기 때문에 피해를 줄일 수 있다.

(3) 사후대책

논에 물이 완전히 빠지고 나면 새물로 걸러대기 하여 뿌리활력을 높인다. 특히 이삭을 밴 시기에는 절대로 논을 말리지 말아야한다. 쓰러진 벼는 서둘러 4-6포기로 묶어세우고 흰잎마름병과 도열병을 철저히 방제하여야 하며 벼 잎에 붙은 흙앙금도 물을 살포하여 씻어내면 좋다.

〈 우리나라 주변의 기단 〉

〈 품종에 대한 냉해 검정 (국립식량과학원) 〉

3. 냉해

냉해의 원인

냉해는 낮은 기온과 수온의 영향으로 수확량이 감소한 경우를 말한다. 여름철 낮은 기온으로 벼에 큰 피해를 주는 냉해는 주로 북서쪽 시베리아 기단(1971년)과 북동쪽 오호츠크해 기단(1980, 1993년)이 남쪽으로 세력을 확장할 때 발생한다. 그러나 차가운 기단이 장마전선과 겹칠 때, 높은 지형과 냉조풍이 자주 발생하는 지역, 냉수가 쉽게 논으로 들어 올 수 있는 지역, 그늘이 많이 생기는 지역도 냉해를 받기 쉽다.

냉해의 요인 및 종류

(1) 냉해의 환경 요인

① 저온기간 : 며칠 정도의 저온은 비교적 피해가 적지만 그 기간이 길어지면 피해정도는 급격히 늘어나게 된다.

② 일사 : 온도가 낮아졌을 때 일사량까지 부족하면 벼의 광합성을 감소시키고 지온과 수온이 상승되는 것을 막아 간접적으로 냉해를 더욱 가중시킨다.

③ 양분 : 질소시비량이 많은 경우에는 냉해의 피해가 더욱 커지며, 인산과 퇴비가 충분히 들어간 논은 냉해가 왔을 때 피해가 줄어든다.

〈 지연형 냉해의 연중 기온변화와 냉수가 들어와 이삭이 늦게 팬 논 〉

(국립식량과학원)

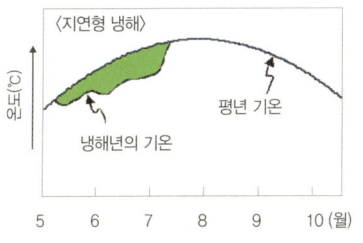

〈 지연형 냉해로 수확량이 감소되는 과정 〉

(국립식량과학원)

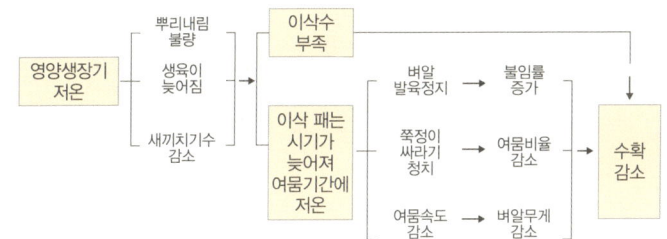

(2) 냉해의 종류와 생산량 감소 경로

① **지연형 냉해** : 5월~7월 초순에 저온이 오면 벼의 생육이 늦어지고 이삭 패는 시기도 늦어진다. 이삭 패는 시기가 늦어지면 여묾도 늦어지게 되는데, 이때 추위가 빨리 오면 여묾비율이 낮아져 수확량이 감소한다. 그러나 이삭 패는 시기가 늦어지더라도 추위가 빨리 오지 않을 경우에는 이삭이 충분히 여물기 때문에 피해가 생기지 않는다.

지연형 냉해가 발생하는 중요한 시기는 첫째, 뿌리내릴 때~새끼치기를 시작하는 시기 둘째, 어린 이삭이 생기는 시기(유수형성기) 셋째, 꽃가루가 만들어지는 시기(감수분열기), 즉 3시기로 나눌 수 있지만 그 중에서 뿌리내리는 시기의 저온은 이삭 패는 시기를 늦추고 새끼치기를 방해하며 단위면적당 벼알수를 적게 하는 등 가장 큰 영향을 미친다.

〈 장해형 냉해의 연중 기온변화와 감수분열기의 판정 〉

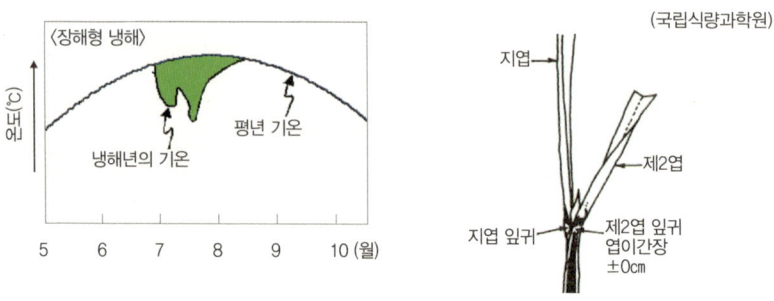

〈 장해형 냉해로 수확량이 감소되는 과정 〉

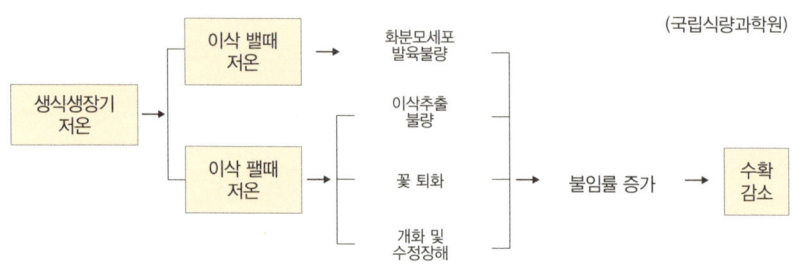

② **장해형 냉해** : 장해형 냉해는 꽃가루가 만들어지는 시기(감수분열기 : 이삭 패기 약 10~12일 전)와 이삭이 패는 시기에 저온이 올 경우, 저온에 의해 비정상적으로 만들어진 꽃가루 때문에 수정이 되지 않아 불임이 생기는 냉해를 말한다.

꽃가루가 만들어지는 시기의 저온 피해는 온도가 낮아질수록, 저온기간이 길어질수록 커지게 된다. 그러나 비록 야간의 기온이 낮아졌더라도 낮의 기온이 충분히 올라가면 피해는 적어진다. 벼가 꽃가루를 만드는 시기는 눈으로 확인이 어려우므로 일반적으로 마지막 잎(지엽)의 잎귀와 그 아래 잎(제2엽)의 잎귀가 마주치는 때를 이 시기로 추정하지만 벼의 생태형이나 품종에 따라 차이가 나기도 한다.

〈 혼합형 냉해(1980년)의 실제적 기온과 당시의 이삭 불임 〉

(농촌진흥청, 1980)

〈혼합형 냉해〉

평년온도

1980년 온도

불량 꽃가루

정상 꽃가루

③ **혼합형 냉해** : 지연형 냉해와 장해형 냉해가 겹쳐서 발생하는 경우로 병행형 냉해라고도 한다. 이것은 장기간에 걸쳐 저온이 계속되는 해에 발생하는 것으로 그 피해는 매우 크다. 혼합형냉해의 극심한 피해를 입은 대표적인 예로서 1980년과 1993년의 냉해를 들 수 있는데 1980년에는 우리나라 전체 벼 재배면적의 64.2%가 피해를 입었고 수확량은 평년의 63%에 불과해 국민의 식량확보를 위해 외국에서 224.5만톤(약 1,560만 석)을 어렵게 수입하였던 국가적인 위기상황이 있었다. 그러나 1993년에도 1980년과 같은 정도의 혼합형 냉해가 왔으나 그동안 냉해에 잘 견딜 수 있는 품종의 개발과 보급으로 냉해의 피해를 크게 줄일 수 있었고 수확량도 평년의 93% 수준으로 피해를 최소화 할 수 있었다.

〈 물 온도를 올리는 돌림도랑 (국립식량과학원) 〉　　　　〈 양분 엽면 살포 〉

③ 냉해 경감대책

(1) 항구적인 방법

① 방풍림 조성

② 수온 상승을 위한 시설 마련 : 돌림도랑 설치, 온수지 설치, 수로와 논둑 조성, 댐의 표층수를 농업용수로 이용하면 저온 피해를 줄일 수 있다.

(2) 재배기술적인 대책

① 냉해 상습지역은 냉해에 강한 품종 중에 조생종과 중생종 2~3품종을 고루 재배하면 피해가 집중되는 것을 피할 수 있다.

② 규산질비료(200-300kg/10a)와 유기물을 충분히 준다.

③ 시비법 개선 : 질소비료는 15%정도 적게 주고, 인산과 칼리 비료는 20~30%정도 많이 주며 새끼치기를 위한 비료는 가급적 유안을 준다.

(3) 냉해발생시 대책

① 논에 들어가는 찬물은 비닐튜브를 100m이상 통과시키거나 돌림도랑을 이용하여 물 온도 높이기를 한다.

② 벼 알이 배기 시작할 때 물을 깊이 대어 어린이삭을 보호한다.

③ 양분 엽면 살포 : 이삭 패기 전에는 다찌가렌 500배액, 이삭 팬 후 10일에는 인산과 칼리 200배액(0.5%) 이삭 패는 시기에는 망간 0.05%액을 살포한다.

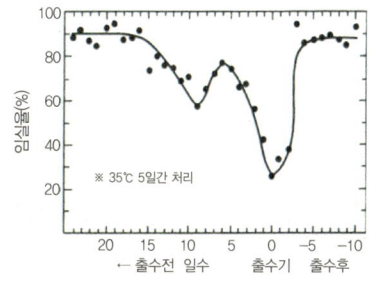

〈 이삭 패기 전후 기간별 고온에 의한
임실율 변화(Satake, 1978) 〉

〈 벼 이삭 패는 시기 고온에 의한 불임률
(국립식량과학원, 1997) 〉

처리온도	불임률(%)		
	진미벼	금오벼	화성벼
무처리	6.9	4.1	10.4
37℃	19.1	49	14.6
40℃	36.2	85.7	49.5

※ 이삭 팼을 때 10일간, 하루 3시간
(12:00∼15:00) 처리

4. 고온장해

온도가 지나치게 높은 원인으로 불임이 발생하여 수확량이 감소하는 것을 말하는데 일반적으로는 열대지역에서 주로 발생한다.

1 고온장해의 양상

이삭 패는 시기의 고온은 불임이 많이 발생하여 쭉정이가 많이 생긴다. 온대지역에서는 잘 발생하지 않지만 실험용 온실 등에서는 쉽게 불임이 발생하기도 한다.

2 고온장해의 원인

암술은 고온에서도 수정 능력이 있지만 꽃가루는 수정 능력을 잃어버린다. 고온조건에서 암술에 건강한 꽃가루를 수정시키면 수정이 된다.

3 고온장해의 발생시기 및 온도

(1) 고온장해의 발생시기 : 고온처리 중에 핀 꽃은 불임이 되지만 고온처리 전후에 핀 꽃은 모두 정상적으로 수정된다. 또한 개화 후 30분이 지나면 꽃가루의 수정관이 암술의 내부로 진입하기 때문에 고온의 피해가 없다. 일반적으로 불임이 20% 이상 발생하는 온도를 고온 피해 온도로 본다.

(2) 여무는 기간의 고온장해 : 이삭 팬 날부터 20일간은 탄수화물이 집중적으로 이동되고 저장되는 매우 중요한 시기이다. 이때에 고온이 오면 여뭄비율과 쌀의 품질이 나빠지고 수확량이 줄어든다.

〈 가뭄피해를 받은 논과 가뭄으로 수확이 어려운 논 〉

(국립식량과학원)

5. 가뭄해(한해)

1 가뭄해 발생요인

비가 오지 않거나 물이 부족할 경우 물 함유 능력이 적은 토양에서 자라는 벼가 가뭄피해를 받기 쉽다. 사질토양이 점질토양에 비해, 토양중의 유기물함량이 적으면 가뭄피해를 더 많이 받는다. 비료 중에서는 인산이 부족하거나 질소가 많으면 가뭄해가 커질 수 있지만 칼리비료는 영향이 적다.

2 가뭄해 방지대책

(1) 사전대책 : 물을 대기가 어려운 논, 강우만 이용하여 농사짓는 논, 저수율이 부족한 지역 등에서는 관정을 준비하고 양수기를 이용하여 미리 물을 가두어 둔다. 이것도 어려우면 마른논씨뿌림재배나 늦모내기를 한다.

(2) 품종선정 : 가뭄이 잦은 지역에서는 비교적 가뭄에 강한 품종을 선택하고, 가뭄으로 파종과 모내기가 늦어질 경우에는 늦게 심어도 수확이 가능한 (만식적응성) 품종을 선택 한다.

(3) 예비모 준비 : 모내기를 앞두고 있거나 모를 낸 후에도 가뭄이 계속될 경우에는 예비모를 더 준비한다. 키우던 모가 오래되면 모내기를 할 수 없으므로 늦심기에 적합한 품종을 다시 파종하고 어린모 상태로 모내기를 한다. 규산질비료는 수분증산을 억제하므로 모내기 전에 미리 준다.

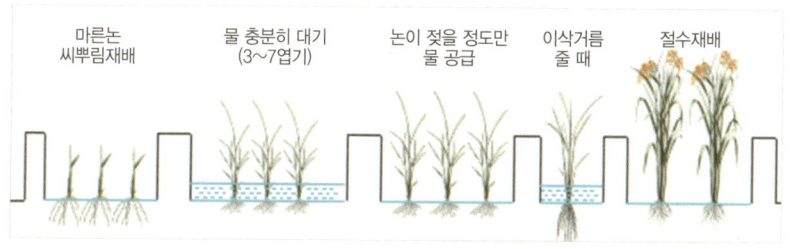

〈 마른논씨뿌림재배의 물 절약재배 방법 〉

마른논
씨뿌림재배　　　물 충분히 대기
(3〜7엽기)　　　논이 젖을 정도만
물 공급　　　이삭거름
줄 때　　　절수재배

〈 가뭄에 의한 늦모내는 정도별 수확량 감소 〉

(국립식량과학원, 2001)

산간고냉지 5/21			
중북부평야지 6/4	6/9	5/26	
중부중산간지 5/23	5/30	6/16	5/30
중부평야지 6/16	6/23	7/4	6/15
남부중산간지 6/10	6/19	7/1	7/12
남부평야지 6/19	6/28	7/10	7/19

5% 감소 　　　10% 감소 　　　20% 감소 　　　30% 감소

(4) 물관리 : 벼가 가뭄 피해를 입기 쉬운 시기는 꽃가루가 만들어지는 시기 > 이삭 패는 시기 > 여묾 초기 > 어린이삭 형성기의 순이므로 이 시기는 물을 충분히 대고, 다른 시기에는 논이 젖을 정도만 물을 대어 절수재배를 한다.

(5) 모내기 및 시비방법 : 늦게 심을 경우에는 면적당 포기수를 늘리고 (110~130포기/평) 1주당 포기수(6~7개)도 늘린다. 또한 이 경우에는 생육기간이 짧기때문에 질소거름을 20~30% 줄여주되 전체 시비량의 80%를 밑거름으로 시비하고 나머지는 이삭거름으로 준다.

　지역에 따라서는 늦게 심어 수확량 감소가 클 경우에는 경제성을 고려하여 다른 대책을 세우는 것이 좋다.

(6) 대파작물 재배 : 모내는 시기가 늦어 모를 못낸 논에는 메밀, 팥, 녹두, 시금치, 열무, 가을감자, 엇갈이 배추, 사료작물 등을 대파한다.

〈 쓰러짐에 의한 이삭 발아와 묶어세우기 〉

(영남농업시험장, 2003)

〈 쓰러진 벼 묶어 세우기 효과 〉

(경기도농업기술원, 1996)

피해시기	반 쓰러짐→묶어세우기	완전 쓰러짐→묶어세우기
여묾 초기	30 → 7% 감수	50 → 10% 감수
여묾 중기	15 → 5	25 → 7
여묾 후기	4 → 0	8 → 0

6. 쓰러짐 피해

벼의 쓰러짐은 태풍, 강우 등 기상환경에도 영향을 받지만 재배기술과 품종에 따라서도 피해정도가 다르게 나타난다.

(1) 품종적 원인 : 쉽게 쓰러지는 벼는 키가 크고, 줄기가 가늘며, 특히 아랫마디가 길다. 또한 뿌리가 깊지 않고 논 표면에 많이 분포한다.

(2) 재배양식에 따른 쓰러짐 정도 : 재배방법에 따라 물논씨뿌림재배 > 물뺀논씨뿌림재배 > 마른논씨뿌림재배 > 모내기 순으로 쓰러짐에 약하다. 물논씨뿌림재배가 약한 원인은 뿌리가 주로 논 표면에 분포하여 벼를 지지하는 힘이 약하기 때문이다.

(3) 쓰러짐의 영향 : 벼가 쓰러져 땅위에 겹치기 때문에 광합성과 양분의 이동을 방해하여 수확량과 품질을 떨어뜨린다. 쓰러짐이 계속되면 이삭에서 벼알이 발아하여 피해가 커지며, 수확작업의 능률이 떨어진다.

(4) 묶어세우기 효과 : 벼가 쓰러지면 가급적 빨리 묶어세우는 것이 좋다.

제12장

주요
논잡초

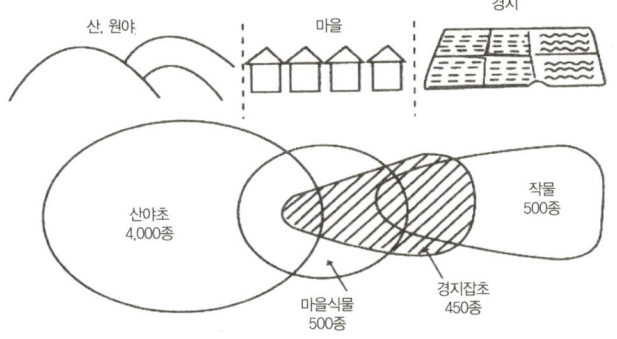

〈 일본의 산야초, 마을식물, 경지잡초, 작물의 구분 〉

(笠原, 1982)

산, 원야   마을   경지

산야초
4,000종

작물
500종

마을식물
500종

경지잡초
450종

1. 잡초의 정의

어떤 식물 또는 식생(vegetation)이 목적이나 필요조건 등에 부정적으로
작용하거나 방해작용을 하게 될 때 그 식물체를 잡초(weed)로 정의하고 있
다. 일반적으로 잡초는 다음과 같이 정의되고 있다.

• 제자리에 발생하지 않는 식물
• 인간이 원하지 않는 식물(unwanted plants)
• 인간과 경합하거나 인간의 활동을 방해하는 식물
• 작물로서의 가치가 없는 식물
• 경지나 생활지 주변에서 자생하는 식물

2. 잡초의 해

• 작물이 먹을 양분, 수분 등을 탈취하고 작물의 생육 영역 축소
• 햇빛 받음(수광), 통풍 등을 방해
• 작물의 체온이나 지온, 수온의 저하
• 유해물질 분비와 병해충 전파

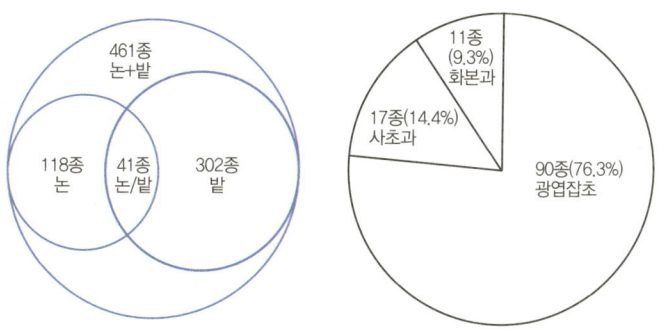
〈 우리나라 논밭에 발생되는 잡초의 종류와 논잡초의 분류 〉

3. 우리나라 논에 발생하는 주요 잡초종

우리나라 논·밭에서 발생되는 잡초종은 92과 461종이며 이 중에서 논에서 발생하는 잡초종은 27과 159종(20.3%)이며, 주요 잡초는 92종이 있다.

일년생: 30종(32.6%)

일년생(annual) 잡초는 1년 이내에 한 세대의 생활사를 마치는 식물을 말한다.

(1) 화본과 : 5종(16.7%)　(2) 방동사니과(사초과) : 9종(30.0%)

(3) 광엽잡초 : 16종(53.3%)

월년생: 3종(3.3%)

월년생(biennial) 잡초는 1년 이상 생존하지만 2년 이상 생존하지 못하는 식물이다.

(1) 화본과 : 3종(100%)

다년생: 59종(64.1%)

다년생(perennial) 식물은 2년 이상 생존 가능한 식물이다.

(1) 화본과 : 4종(6.8%)　(2) 방동사니과(사초과) : 22종(37.3%)

(3) 광엽잡초 : 33종(55.9%)

<　우리나라에 발생하는 주요 논잡초　＞

(김 & 신, 2007)

구분	잡초병	학명	생활사
화본과	강피	*Echinochloa oryzicola*(Vasing.) Vasing	일년생
	물피	*Echinochloa crus-galli*(L.)P.Beauv.var., crus-galli	일년생
	돌피	*Echinochloa crus-galli*(L.)P.Beauv.var., crus-galli	일년생
	뚝새풀	*Alopecurus aequalis* var. amurensis(Komar.) Ohwi	일년생
	나도겨풀	*Leersianjaponica(Honda)Makino* ex Honda	일년생
사초과 (방동 사니과)	알방동사니	*Cyperus difformis* L.	일년생
	참방동사니	*Cyperus iria* L.	일년생
	올챙이고랭이	*Scirpus juncoides* ssp. juncoides T. Koyama	일년생 및 다년생
	매자기	*Scirpus fluvatlis*(Torr.) A. Gray	다년생
	새섬자기	*Scirpus planiculmis* F. Schmidt	다년생
	너도방동사니	*Cyperus serotinus* Rottb	다년생
	올방개	*Eleocharis kuroguwai* Ohwi	다년생
	쇠털골	*Eleocharis aciularis* var. longiseta svenson	다년생
	물고랭이	*Scirpus nipponicus* Makino	다년생
광엽잡초	물달개비	*Monochhoria vaginalis*(Burm. f.) presl	일년생
	마디꽃	*Rotala indica*(Wild.) Koehne	일년생
	발뚝외풀	*Lindernia pyxidaria* L.	일년생
	사마귀풀	*Aneilema keisak* HaLr.	일년생
	여뀌바늘	*Ludwigia epolobioides* Mamim	일년생
	여뀌	*polygoum hydropiper* L.	일년생
	가래	*otamogeton distinctus* A. Benn	다년생
	올미	*Sagittatia Pygmaea* Miq.	다년생
	벗풀	*Sagittatia trifolia* Torrey	다년생

4. 우리나라 논에 발생하는 주요 잡초의 분류와 생활사

1 화본(벼)과 잡초

화본과 잡초는 화본과류(grasses)에 속하는 잡초를 말한다. 잎 모양이 벼처럼 잎집, 잎몸으로 되어 있고 잎은 좁고 길며 잎맥이 평행한 것이 특징이다. 예) 피, 잡초성벼(앵미), 나도겨풀, 드렁새, 줄풀 등

2 다년생: 59종(64.1%)

방동사니과(sedges) 잡초는 줄기가 삼각형 모양을 하고 있어 화본과와 광엽잡초와는 구별이 된다. 잎은 좁고 능선이 있으며 끝이 뾰족하다. 예) 올방개, 올챙이고랭이, 너도방동사니, 쇠털골, 매자기 등

3 광엽잡초

광엽잡초(broad leaves)는 잎이 둥글고 크며 평평하고 엽맥이 그물처럼 얽혀 있는 것이 특징이다. 예) 물달개비, 올미, 벗풀, 사마귀풀 등

〈 우리나라 논에 많이 발생하는 잡초의 변화 〉

(농촌진흥청, 1999&2010)

잡초		연도별 발생(%)				비고
		1981	1991	2001	2008	
피		–	12.2	9.4	7.5	일년생
물달개비		22.2	11.2	12.7	26.6	〃
올챙이고랭이			6	3.8	22.5	〃
사마귀풀		4.4	2.5	4.4	–	〃
여뀌		–	–	3.1	–	〃
알방동사니		–	–	–	11.3	〃
미국외풀		–	–	–	3.4	〃
마디꽃		6	–	–	–	〃
가막사리			–	5.8	4.2	〃
올미		17.5	15.6	–	–	다년생
너도방동사니		8.5	4.6	–	–	〃
가래		9	3.3	–	–	〃
밭뚝외풀		3.9	–	4	9.5	〃
여뀌바늘		3	2.6	4.9	3.8	〃
벗풀		9	13.2	9.1	3.5	〃
올방개		3.4	19.6	9.5	7.7	〃
계	일년생	48	41.9	69	82	
	다년생	52	58.1	31	18.8	

5. 연도별 발생 주요(상위 10위) 논잡초의 변화

1981년도 올미, 벗풀, 가래 등 다년생 잡초가 많이 발생한 이유는 70년대 중반부터 일년생잡초 방제용 제초제를 사용한 것이 주요 원인이며(2012, 김 and 신), 1991년도에 피가 많이 발생한 것은 1980년대 중반부터 보급된 혼합제초제의 사용과 직파재배 기술의 보급으로 증가된 것으로 보여 진다. 2008년도에는 물달개비, 올챙이고랭이, 알방동사니, 밭뚝외풀 순으로 많이 발생하였는데, 특히, 물달개비, 올챙이고랭이 등이 주로 많이 발생한 이유는 1990년대 초반부터 사용하였던 설포닐우레아제 제초제가 다년생, 일년생 광엽 및 방동사니과 잡초들을 동시에 방제할 수 있었으며, 약효 지속성과 선택성이 매우 탁월하였던 결과로 저항성 잡초가 급격히 확산된 결과로 보인다. 특히 시대별 많이 발생하는 잡초의 차이는 사용 제초제에 의한 영향이 큰 것으로 나타났다.

〈 제초제 처리에 따른 약해 〉

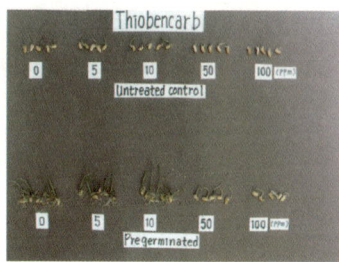

6. 논 제초제의 약해발생 주요 요인과 해당 제초제

1 논 제초제의 약해 발생 요인

• 기상요인 : 저온(15℃이하), 고온(30℃이상), 기온교차 극심

• 토양조건 : 사토, 사질토(물빠짐, 감수심 일일 2~3cm 이상)

• 심한 환원 상태(미숙퇴비, 투수 불량, 가스 발생)

• 물관리 및 모 관리 : 얕은 관개, 심수 관개, 연약한 모, 얕게 심음

• 사용법 : 과잉살포, 중복살포, 약제 선택 및 살포시기 잘못, 근접살포

2 제초제 약해 발생과 사례

• 이상 고온(34%) : 바로매, 말끄미, 골드논, 스템에프 34, 마메트, 보배논 등

• 이상 저온(7%) : 스템에프 34, 피조례, 바로매, 보배논, 유나니, 푸란나 등

• 유기물 사용에 의한 이상환원(16%) : 사단, 보배논, 유나니, 골드논, 말끄미 등

• 물관리 미숙(6%)

  - 심수관개 : 엠나인, 온드레, 모다운, 론스타, 노노풀, 푸만사 등

  - 천수관개 : 대부분 제초제 (심수관개 해당 제초제 제외)

  • 근접살포(3%) : 스템에프 34

  • 연약한 모(3%) 및 얕게 심음(3%), 사질토양(3%) : 대부분 제초제

  • 과잉 또는 중복살포(대부분 제초제) 등(24%)

(14종)

연도	잡초	지역	비고
1988	물옥잠	충남	서산간척지
1999	물달개비	전국	
2000	미국외풀 및 마디꽃	전남	
	올챙이고랭이	전국	
2001	알방동사니	전남,전북,충남	
2004	새섬매자기	충남	서산간척지
	올미	충남, 전남	
2006	올챙이고랭이, 쇠털골	전남	
2008	물피	충남	
2009	강피	전북	
2012	갯드렁새	전남	
	벗풀	경남북	

7. 제초제 저항성 잡초의 발생현황과 방제

저항성 잡초 발생원인

어떤 제초제에 대하여 잘 방제되었던 잡초가 특정 제초제를 연용하여 사용하여도 죽지 않고, 이러한 생존하는 능력이 후대까지 계속 유전되는 것을 제초제 저항성 잡초라 한다. 우리나라에서 제초제 저항성잡초는 1988년 서산간척지에서 발견된(물옥잠)이후 14종이 발생되어 빠르게 확산되고 있다. 제초제저항성 잡초가 발생한 주 원인은 사용 제초제 약 249종(토양 및 경엽처리제초제 포함)중 약 80%가 Azimsulfuron, Bensulfuron, Imazosulfuron, Pyrazosulfuron 등 Sulfonylurea계 제초제를 지속적으로 사용(5~7년간)하였기 때문으로 알려지고 있다.

〈 벤조비싸이크론에 대한 찰벼 품종별 약해정도 〉

(식량원, 2010)

처리시기	품종별 약해정도(0~9)		
	눈보라	동진찰	보석찰
1엽기	3	2	2
2엽기	2	2	2
3엽기	1	0	1

주) 약해정도 1은 경미, 9쪽으로 갈수록 심

2 저항성 전문약제의 종류와 주의사항

　제초제 저항성 전문약제로는 벤조비싸이크론과 메쏘트리온 혼합제가 있다. 벤조비싸이크론 혼합제로는 나지마, 아리온나네, 초스탑, 문전옥답, 다관왕, 이편한점보, 풀천왕, 영일스타, 저격수, 다메기, 황금볼점보, 콩알탄, 매직샷, 초보메 등이 있고, 메쏘트리온 혼합제로는 다정토, 하나처, 사또가 있다. 벤조비사이크론은 찰벼나 일반계 품종 중에도 다수계(통일벼) 품종의 유전자가 있는 것은 약해가 발생할 우려가 높다.

3 저항성 잡초가 발생하는 논의 제초제 처리

　제초제에 대한 저항성 잡초가 발생하고 논은 가능한 체세처리를 하여야 하며 주요 체계처리 방법은 다음과 같다.

(1) 이앙 전에 제초제 저항성 잡초 전문약제인 참일꾼, 반석, 트랙스타 등을 처리하고, 다시 이앙 후 12~15일에 브로모부타이드 혼합제인 노니랑, 지름길, 도마타, 클로저, 초사낭, 삼박자 등을 처리한다.

(2) 이앙 후 10일경에 브로모부타이드 혼합제인 노니랑, 지름길, 도마타, 클로저, 초사낭, 삼박자 등을 처리하였으나, 물달개비, 올챙이고랭이 등이 방제되지 않았을 경우 잡초초종에 따라 정일품, 밧사그란, 크린샷 등 후기 제초제를 살포한다.

(3) 제초제 저항성 피, 물달개비, 올챙이고랭이가 복합적으로 발생하고 있는 논은 가능한 트랙스타를 이앙 전에 처리하고, 이앙 후 12~15일에 브로모부타이드 및 메페나 혼합제인 클로저와 지름길을 처리한다.

〈 어린모 기계모내기 잡초방제 한계기간 〉

(1996, 임 등)

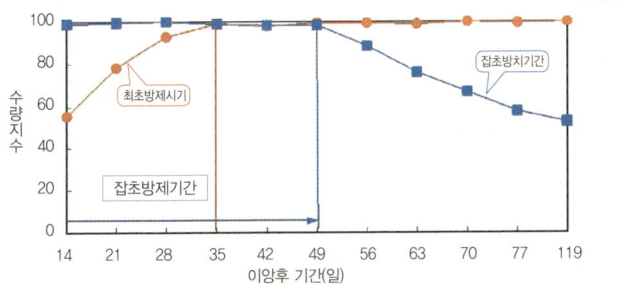

8. 벼 재배양식별 잡초방제

모내기(이앙) 잡초방제

(1) 경제적 잡초방제 기간

벼는 어린모 때(유묘기)에는 외부로부터 수분이나 양분의 요구량이 적어 잡초와 거의 경합하지 않는다. 그리고 생식생장기에 접어들게 되면, 잡초에 대한 벼의 경합력이 높아지게 된다. 따라서 파종 또는 모내기 초기(모낸 후 약 14일 이전)와 생식생장기 이후 수확기까지는 잡초에 의한 피해가 적다. 하지만 이들 두 시기 사이에는 벼는 잡초와는 양분, 수분, 광 등에 대한 경합이 매우 심하다. 그러므로 파종 또는 모낸 후 약 14일 이전까지와 생식생장기 이후 수확기까지를 잡초경합 허용기간이라 하고, 이들 두 시기 사이를 잡초경합 한계기간(限界期間)이라고 한다. 잡초경합 한계기에는 품종, 재배방법, 밀도, 벼 키우는 시기, 비료 주는 양, 물관리 등 재배방법에 따라서도 상당한 차이가 있다. 기계모내기 벼는 잡초경합허용기간은 이앙 후 약 49일 간, 또는 이앙 후 35일 이후로서 두 기간으로 설정된다. 이는 모내기 후 35일까지 잡초방제를 하고, 그 이후에 발생되는 잡초는 수량에 큰 영향을 주지 않는다. 즉 모내기 한 벼는 모내기 후 49일 이후가 되면 잡초에 대한 경합력이 커서 수량에 영향을 주지 않는다는 것을 뜻한다.

〈 기계모내기 논 잡초방제 체계 〉

██ : 제초제처리 시기 (임 등, 2006)

처리시기 / 처리방법	초기 방제		초·중기 방제	중기 및 중·후기 방제		후기 방제
	모내기 전	모내기 후 10일까지	모내기후 10~15일까지 (피 1.0~2.5엽)	모내기 후 25~40일 (토양)	모내기 후 20~40일 (경엽)	유효줄기종지기 ~ 어린이삭 형성 전
1회방제						
〃						
〃						
체계방제①						
〃 ②						
〃 ③						
〃 ④						
〃 ⑤						
〃 ⑥						
	론스타	마세트, 매끄란, 마끼세, 솔네트, 솔네트엠, 사단, 스쿠프, 제초탄, 푸마시, 풀하얀, 품하나, 늘풍년, 온드레, 만수레, 논두렁, 만석군, 말끄미, 푸로미, 보배논, 풀단속, 만드리, 두배논, 직파매, 풀제로 등	노난매, 단도리, 뉴손노리, 만냥, 슈퍼유나니, 풀그만, 올방피, 한수위, 그만매, 풀박사, 논풍, 마무리, 포도대장, 부자손, 마가마, 논지기, 큰부자, 푸레왕, 선봉장, 손아네, 개선문, 내노내, 휘모리, 금싸락, 신명나, 암행어사, 수문장, 갈채, 메가톤, 한마당, 논단속, 풀사리, 살초왕, 푸란매, 풀스타, 듬지기, 논닥터, 사단에스 등		밧사그란, 큰일군	밧사그란, 정일품, 이사디아민염, 수중이사디 밧사그린M60 살초대첩
	미리매(일), 도움꾼 손시네 먼저네 마세트				정일품, 단골, 피안커, 크린처(피), 매드시(피)	

(2) 기계모내기(이앙) 잡초방제 체계

기계로 모낸 논의 제초제는 초기(모내기 전~모낸 후 5일), 초·중기(모낸 후10~15일까지, 피 1.0~2.5엽), 중기 및 중·후기(모낸 후 20~40일), 후기 (이삭 패기 한달 전)로 구분하여 사용한다.

- 초기제초제는 잡초 발생 전에 처리하여 잡초발생을 방지한다.
- 중기제초제는 발생을 시작하는 잡초의 발생을 방지뿐만 아니라 이미 발생한 생육초기의 잡초도 방제하는 토양 겸용 경엽처리제이다.
- 후기 제초제는 경엽에 직접 살포하거나, 토양에 살포하더라도 물에 녹은 제초제 성분을 잡초가 흡수하여 죽게 되는 경엽처리제이다.

〈 벼 씨뿌림재배 시 방제대상 주요 잡초 〉

(영남농업연구소, 1999)

잡초 분류		발생 잡초의 종류
일년생	습생잡초	피, 방동사니, 바람하늘지기, 사마귀풀, 자귀풀, 여뀌, 한련초, 드렁새, 바다새, 여뀌바늘, 가막사리, 잡초성벼
	수생잡초	물달개비, 등에풀, 마디꽃, 밭뚝외풀, 알방동사니, 물별
다년생	습생 및 수생잡초	너도방동사니, 매자기, 나도겨풀
	수생잡초	올미, 가래, 벗풀, 쇠털골, 올방개, 올챙이고랭이

2 씨뿌림(직파) 재배 잡초방제

(1) 씨뿌림재배시 방제대상 주요 잡초

씨뿌림재배는 노동력이 크게 절감되는 벼 재배방법이지만 벼와 잡초의 싹이 동시에 나오기 때문에 모내기재배에 비하면 잡초에 의한 피해가 큰 재배방법이다. 마른논씨뿌림(건답직파)재배는 벼 재배방법 중에서 잡초발생이 가장 많다(모내기재배 대비 3.1배). 특히 피가 많이 발생하고, 잡초에 비해 지상부의 공간 경합력이 매우 약하기 때문에 수확량의 감소가 가장 큰 것으로 알려져 있다. 잡초방제를 하지 않았을 경우, 수확량 감소는 기계모내기 25-30%, 물논씨뿌림재배 40-60%, 마른논씨뿌림재배 70-100% 정도가 된다. 마른논씨뿌림재배는 재배법의 특성에 따라 씨를 뿌린 후 약 30일 동안은 밭 상태로 유지하다가 모의 수를 확보한 후에 물을 대어 논 상태로 관리하기 때문이다. 따라서 잡초가 발생하기 좋은 환경인 마른논 상태와 토양수분이 충분한 상태의 기간이 길어지기 때문이다.

〈 벼의 생육시기별 마른논씨뿌림재배 추천제초제 〉

(식량원, 2010)

마른논 기간			물논 기간	
처리시기	추천제초제		처리시기	추천제초제
파종전 3~7일	• 그라목손액제 • 바스타액제	• 근사미액제	담수 후 3~15일	다관왕, 아리온노네 문전옥답, 초사냥입제 하이킥, 영일스타
파종후 0~5일 (벼 잡초 발아전)	• 마세트유제 • 스톰프유제	• 해도지유제		다관왕, 아리온노네 문전옥답, 초사냥입제 하이킥, 영일스타
파종후 8~10일 (벼 출아직전) (피 출아후)	• 그라목손액제 • 근사미액제 + • 바스타액제	• 마세트유제 • 사단유제 • 스톰프유제	담수 후 10~20일	
파종후 12~15일 (벼 출아전) (피 출아완료)	• 스템에프 34+마세트유제 • 길자비, 샛별		담수 후 35~45일	이사디액제 밧사그란액제
파종후20~25일 (벼, 잡초경엽처리)	• 건파왕, 나마니,메드시. 크린처. 단골 • 피강타. 크린샷		담수 후 10~20일	다관왕, 아리온노네 문전옥답, 초사냥입제 하이킥, 영일스타

(2) 마른논씨뿌림(건답직파)재배의 잡초방제

마른논씨뿌림재배의 잡초방제는 밭상태 기간과 담수기간 각각 1회씩의 체계처리를 기본으로 한다. 물대기 전에 둑새풀 등 잡초가 많은 경우에는 파종전 3~7일에 비선택성 제초제인 그라목손 등을 살포한다. 파종 후 볍씨가 싹이 터서 지상부로 출현하기 직전(파종 후 8-12일)에는 비선택성 제초제와 토양처리제를 혼용처리 하고 싹이 지상부로 나오기 시작할 때(파종 후 12~15일, 피 2~3엽기)에는 길자비(샛별) 유제 등을 살포한다. 물대기 후 제초제 처리는 담수 초기는 약해를 고려해서 아리온노네 등 액상수화제 제초제를 사용하고, 이후는 중묘기계모내기에 준한다.

※마른논씨뿌림재배에서 벼 잎이 3개 나왔을 때 물을 대면 마른 논 상태가 25~30일이 되어 잡초발생이 많아지므로 물대는 시기를 벼 잎이 1~2개 나왔을 때(파종후 12~15일경)로 앞당기고, 다관왕 등 수면처리용 액상수화제를 뿌려준다.

〈 물논씨뿌림재배를 할 때 방제대상 주요 잡초 〉

잡초 분류		발생 잡초의 종류
일년생 잡초	습생잡초	피, 방동사니, 바람하늘지기, 사마귀풀, 자귀풀, 여뀌, 한련초, 드렁새, 바다새 여뀌바늘, 가막사리, 잡초성 벼
	수생잡초	물달개비, 등에풀, 마디꽃, 밭뚝외풀, 알방동사니, 물별
다년생 잡초	습생 및 수생잡초	너도방동사니, 매자기, 나도겨풀
	수생잡초	올미, 가래, 벗풀, 쇠털골, 올방개, 올챙이고랭이

〈 벼 물논씨뿌림재배와 기계모내기의 잡초방제법 비교 〉

(농촌진흥청, 1999)

구 분	물논씨뿌림재배	기계모내기재배
본논 재배 시작	5월 10일경 파종	5월 25일경 이앙
싹 올라오는 시기	파종 후 6~10일경	기계이앙 상자파종시 2~3일
잡초 발생 시기	파종 후 5~6일경	이앙 후 5~6일
잡초 발생량(g/㎡)	753	59
잡초 발생수(개/㎡)	851	295
제초제 처리시기	5월 20일~ 25일경	6월 5일~ 15일경

(3) 물논씨뿌림(담수직파)재배의 잡초방제

물논씨뿌림재배는 모내기재배에 비하여 논 관리시기가 20~30일이 빠르기 때문에 발생잡초의 종류도 다양하고, 벼 보다 잡초의 생육이 빠르기 때문에 제초제의 사용에 제한이 있어 잡초방제에 어려움이 많다. 벼 물논뿌림재배 할 때 방제대상인 주요 일년생 습생잡초로는 피, 방동산이 등이 있고 수생잡초로는 물달개비, 알방동사니 등이 있다. 그리고 다년생 습생 및 수생잡초로는 너도방동사니 등이 있고 수생잡초로는 올미, 올챙이고랭이 등이 있다.

따라서 기계모내기재배에 비하여 일반적으로 본논 재배 시작이 15일 정도로 빨라 벼 물논씨뿌림재배는 잡초 발생량 약 13배 많고, 발생 잡초 수가 약 3배가 많으며 잡초방제가 필요한 시기에는 모가 아직 어린상태이므로 제초제의 선택과 사용에 보다 더 유의하여야 한다.

〈 벼 물논씨뿌림재배에서 제초제 살포 방법 〉

▨ : 제초제처리 시기 (식량원, 2010)

처리시기 / 처리방법	초 기 방제		초 · 중기 방제		중기 및 중·후기	
	파종전 5~7일	파종후 10~12일	파종후 13~15일	파종 후 15~20일 (토양처리제)	20~50일 (경엽처리제)	유효줄기종지기 ~ 어린이삭 형성 전
1회방제						
"						
"						
체계방제①	1차			2차		
" ②	1차				2차	
" ③		1차		2차		
" ④			1차	2차		
" ⑤		1차				2차
" ⑥			1차			2차
대 상 제 초 제	론스타 사 단 나지마 쵸스탑 참일꾼	다관왕 다메기 도마타	아리온노네, 문전옥답 황금볼점보, 이편한점보 초사냥, 삼박자, 만능손, 황손, 펴나네, 하이킥 논도사, 풀백, 관운장, 동네방네	다관왕, 다메기 도마타, 아리온노네 문전옥답, 풀백, 황금볼점보 황손 이편한점보, 초사냥, 삼박자, 만능손, 펴나네, 하이킥, 논도사, 관운장, 동네방네	밧사그란 정일품 크린처(피) 매드시(피) 피자배(피)	밧사그란 정일품 크린처(피) 밧사그린 M60

(4) 물논씨뿌림재배의 제초제 살포

물논씨뿌림재배의 제초제는 초기(파종 전 5~파종 후 12일), 초·중기 (파종 후 13~20일), 중·후기(파종 후 20일~이삭 패기 30일 전)로 구분한다.

- 초기제초제는 잡초 발생 전 또는 직후에 처리하며 파종 전에는 론스타, 초스탑, 참일꾼 등을, 파종 후 10~12일에는 다관왕, 도마타 등을 처리 한다.
- 초·중기제초제는 잡초발생 전에 잡초발생 억제 또는 방지와 이미 발생 한 생육초기의 잡초도 방제하는 토양 및 경엽처리제로 문전옥답 등이 있다.
- 후기 제초제는 경엽에 살포하거나, 토양에 살포하더라도 잡초가 제초 제 성분을 흡수하여 방제하는 밧사그란, 정일품, 크린처 등이 있다.

〈 물뺀논씨뿌림재배에 적합한 제초제 〉

(영남농업연구소, 1994)

처리시기	제 초 제	10a당 사용량	
		약량	살포량
파종 전 7~5일	• 론스타/초스탑유제 등	400/500㎖	–
파종 후 3~5일	• 피라졸레이트입제	–	3kg
파종 후 8~10일 (뿌리 내린 후)	• 노난매 또는 두배논입제	–	3kg
파종 후 15~20일 (피 1~2엽기)	• 푸마시, 오로지입제 등 • 스템 F-34, 푸로닐유제	– 600㎖	3kg 100ℓ
파종 후 20~40일 (피 3~5엽기)	• 밧사그란액제	400㎖	100–200ℓ

〈 뿌리내림 여부에 따른 노난매와 두배논의 잡초방제 효과 〉

(영남농업연구소, 1994)

뿌리내림 여부	제초제	입모율(%)	약해(1~9)	잡초방제율(%)
뿌리 내림	• 노난매입제	58	1	98
	• 두배논입제	55	1	97
	• 무 처 리	59	–	0
뿌리 안내림	• 노난매입제	12	6	98
	• 두배논입제	9	7	98
	• 무 처 리	46	–	0

※ 파종 후 10일에 제초제 처리, 약해 1은 경미하며 9쪽으로 갈수록 심함

(5) 물뺀논점뿌림재배의 잡초방제

물뺀논점뿌림(무논점파)재배는 써레질 후 논을 굳히는 기간과 방법 그리고 파종 직후의 물관리 방법에 따라 생장하는 모의 수(입모수)와 잡초발생 양상이 크게 달라진다.

• 제초제처리는 잡초성벼(앵미)와 잡초의 발생 우려가 많은 논은 파종 전 7~5일에 론스타/초스탑, 참일꾼 등을 뿌려준다.

• 일반적으로는 파종후 8~10일 경에 노난매나 두배논입제를 처리하지만 벼가 아직 뿌리를 내리지 않았다면 약해가 심해지므로 반드시 뿌리내림을 확인한 후 처리하는 것이 안전하다.

• 이후 제초제 처리는 물논씨뿌림(담수산파)재배와 같은 방법으로 하면 된다.

강피

물피   돌피

9. 주요 논잡초의 특성

🔶 일년생

(1) 피

① 강피 : 강피(*Echinochloa oryzicola* Vasing)는 초형(草型, plant type)이 직립형이며 벼와 매우 유사하여 구별하기 어렵다. 까락이 없거나 짧으며, 종자가 다른 피보다 크다. 다 자란 강피의 키는 80~110㎝, 잎몸은 8~12㎜로 두꺼운 편이다.

② 물피 : 물피(*Echinochloa crus-galli* (L.) P. Beauv. var. echinata Honda)는 성숙기 키가 100~150㎝이고, 잎몸은 긴 선형으로 길이가 30~50㎝이며, 너비가 10~20㎜이다. 종자에 까락이 많고 길어 강피와 구별이 된다. 가지가 옆으로 퍼진 것과 같은 형태를 하고 있어 벼와 구분이 쉽다.

③ 돌피 : 돌피(*Echinochloa crus-galli* (L.) P. Beauv. var. crus-galli)는 성숙기 키가 30~80㎝, 잎몸은 가늘고 부드러우며 너비가 5~10㎜ 정도이다.

〈 물달개비와 저항성 물달개비 〉

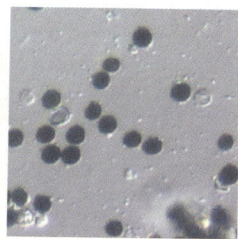

물달개비와 종자모양

제초제 저항성 물달개비 발생 논

(2) 물달개비

물달개비(*Monochoria vaginalis* Presl.)는 1년생 광엽잡초로서 어린 시기에는 잎모양이 피침형으로 뾰족하지만 생장하면서 점차 계란형으로 바뀌면서 심장형(♡)으로 바뀌는 특징을 가지고 있다. 잎이 넓고 크기 때문에 벼에 대한 공간 및 양분경합이 큰 편이다. 꽃은 청자색으로 꽃잎이 6장이고 총상화서이다. 종자는 종실이 터지면서 바로 땅에 떨어지며 미세하고 흑자색을 띠기 때문에 육안으로 보기 어렵다. 주로 종자 번식을 한다.

물달개비 한 포기에서 생산되는 종자수가 1,000~2,000개 정도이고, 이듬해 발생수는 200~600포기(월동 후 출현율 2~3%)이며, 최근 우리나라에서는 설포닐우레아계 제초제에 대한 저항성인 물달개비가 광범위하게 발생하고 있어 문제가 되고 있다.

〈 여뀌와 종자모양 〉

〈 여뀌와 종자모양 〉

(3) 여뀌

　논 잡초 여뀌(*Persicaria hydropiper*(L.) Spach.)는 1년생 광엽 논잡초이다. 줄기는 딱딱하고 마디가 굵으며 털이 없다. 성숙기에 줄기 높이가 40~60 ㎝이다. 잎은 피침형이며 마주본다. 잎자루는 없다. 줄기와 가지 끝에 담녹색 또는 담홍색의 꽃이 이삭모양으로 달린다. 꽃잎은 없으며 종자로 번식한다.

〈 여뀌바늘과 종자모양 〉

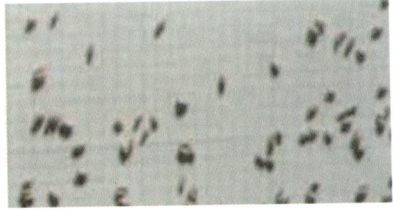

(4) 여뀌바늘

　여뀌바늘(*Ludwigia prostrata* Roxb.)는 1년생 광엽 논잡초이다. 잎은 피침형으로 길이가 3~12㎝ 정도이고 너비가 1~3㎝ 정도이며 양끝이 좁다. 줄기는 직립하고 높이가 30~70㎝ 정도이다. 어릴 때에는 여뀌나 다른 광엽잡초와 구별하기 어렵다. 3엽기이후에는 잎의 표면과 뒷면이 녹홍색으로 되고 잎자루가 홍색으로 되어 구별하기 쉽다. 꽃은 8~10월에 피며, 열매는 선상원주형(線狀圓柱形)으로 길이 1.3~3cm정도이고 해면질(海綿質)로 과피의 한쪽이 싸여있다.

〈 사마귀풀과 종자모양 〉

(5) 사마귀풀

　사마귀풀(*Aneilema keisak* Hassk.)은 1년생 광엽 논잡초이다. 잎은 좁은 피침형으로 길이가 2~6cm이고 너비가 4~8mm이며 밑부분이 잎집으로 되어 줄기를 싸고 있으며 서로 마주보고 나온다. 꽃은 담홍자색 또는 백색의 꽃이 1개씩 피며, 꼬투리는 타원형이고 길이가 8~10mm로서 각 꼬투리의 각 방에 5~6개의 종자가 들어 있고, 종자로 번식 한다.

〈 뚝새풀과 종자모양 〉

  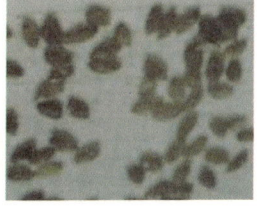

(6) 뚝새풀

　뚝새풀(*Alopecurus aequalis* var. amurensis(Kom.) Ohwi.)은 논, 밭에서 자라는 월년생 벼과 잡초이다. 가을에 발아하여 지표면에 낮은 유묘를 형성한 채 월동한 후 봄에 왕성하게 자라 5~6월에 성숙한다. 주로 물을 대지 않은 마른논조건에서 많이 발생한다. 줄기는 뿌리에서 여러 개체가 나와 번식하며 길이가 20~40cm 정도이다. 종실은 길이가 1.4~1.5mm이고 너비가 0.8mm이며 종자로 번식한다.

〈 바랭이와 종자모양 〉

 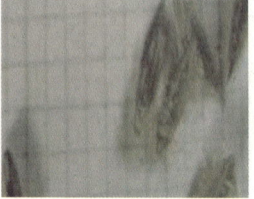

(7) 바랭이

바랭이(*Aneilema keisak* Hassk.)는 일년생 화본과 식물이다. 바랭이는 제1엽이 계란모양(卵形)으로 하얀 짧은 털이 있다. 생육함에 따라 줄기의 밑부분이 지면으로 퍼져 기면서 마디에서 뿌리가 돋고 측지와 더불어 급격히 자란다. 키는 40~80cm가 되며, 잎은 길고 끝이 날카롭다. 7~8월에 줄기 끝에서 5~12줄의 가는 이삭이 갈라져 나와 녹색의 꽃이 줄지어 핀다.

〈 마디꽃과 종자모양 〉

  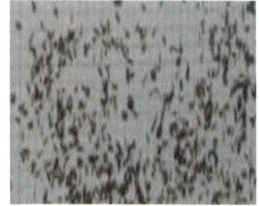

(8) 마디꽃

마디꽃(*Rotala indica* (Willd.) Koehne)은 일년생 부처꽃과 식물로 논이나 물가에 자란다. 줄기가 땅위를 기면서 뿌리를 내리고, 10-15cm정도로 곧게 또는 비스듬히 자라면서 가지를 친다. 줄기는 홍자색을 띄기도 한다. 잎은 마주나며, 도란형 또는 긴 타원형으로 양 끝은 둥글다. 꽃은 8-9월에 잎겨드랑이에서 1개씩 붉은색으로 피고, 꽃잎은 4장이다. 열매는 타원형이며 0.6㎜정도로 매우 작다.

〈 밭뚝외풀과 종자모양 〉

(9) 밭뚝외풀

밭뚝외풀(*Lindernia procumbens* (Krock.) Borbas)은 1년생 현삼과 식물
이다. 키는 5~20㎝ 정도이고 직립이다. 줄기 아래쪽에서 3~6개의 가지들이 나
와 옆으로 뻗으며 자란다. 잎은 타원형이고 가장자리가 밋밋하다. 잎차례는 마
주나기하고 잎자루가 없다. 꽃은 8~10월에 피며 길이 5㎜정도로 작고 연한 홍
자색이다. 꽃은 통꽃이지만 꽃부리 끝이 4갈래로 조금 갈라진다. 열매는 계란
모양으로 길이 2~4㎜, 폭 2~3㎜로서 안에 아주 작은 종자가 많이 들어 있다.

〈 가막사리와 종자모양 〉

(10) 가막사리

가막사리(*Bidens tripartita* L.)는 국화과의 한해살이풀로 밭둑이나 물가에
나며, 가막살이라고도 한다. 키가 30~150cm 정도 자라고, 잎겨드랑이에서 가지
가 많이 갈라지고 털이 없으며, 곧게 서고 흑갈색 또는 녹색을 띤다. 잎은 마주나
며 길이가 5~13cm인 피침형이다. 꽃은 8~10월에 노란색으로 피는데 줄기 끝이나
가지 끝에 1개씩 달린다. 열매는 납작하고 길며 다른 것에 붙어서 씨를 퍼뜨린다.

(11) 미국개기장 미국개기장(*Panicum dichotomiflorum* Michx.)은 1년생 화본과 식물로 들이나 냇가의 습한 곳에서 잘 자란다. 키는 40~100cm, 줄기는 털이 없고 둥글며 2~4개가 모여 나며 비스듬히 선다. 선형의 잎은 길이 20~50cm, 폭 6~10mm로 중앙맥이 굵고, 엽초는 둥글고 때로 홍자색이 돌며, 입혀(엽설)는 아주 작고 가장자리에 털이 있다. 4~5월에 발생하여 8~9월에 꽃이 피고 10월에 열매가 성숙된다.

〈 알방동사니와 종자모양 〉

(12) 알방동사니 알방동사니(*Cyperus difformis L.*)는 사초과 식물로서 논과 습지에서 자라는 한해살이풀로 뭉쳐서 산다. 줄기는 높이 15~40cm 정도이고 삼각형이다. 잎은 줄기보다 짧으며 폭 2~6mm 정도이다. 잎집은 노란빛이 도는 갈색이다. 꽃은 8~10월에 피고 작은 이삭(小穗)이 많이 모여서 둥근 형태(球狀)의 꽃과 이삭(花穗)을 만들며 지름이 3~10mm 정도이다. 열매는 껍질이 갈라지지 않으며 세모진 달걀을 거꾸로 세운 모양으로 길이는 0.5mm 정도이며 짙은 자갈색이다.

〈 자귀풀과 종자모양 〉

※ 출처: 2015. 조승현(전북농업기술원)

(13) 자귀풀 자귀풀(*Aeschynomene indica*)은 콩과식물로 논이나 습지에 잘 자라는 한해살이 풀이다. 줄기는 곧게 자라며 키가 50-100cm이고 윗부분은 속이 비어 있으며 가지가 많이 갈라진다. 잎은 어긋나며, 우상복엽으로 30~60개씩 달리는 소엽은 길이 7~15mm, 너비 2~4mm 정도의 선상 타원형으로 잎 뒷면은 분백색이다 꽃은 잎겨드랑이에 2~3개가 총상꽃차례를 이루고, 7-8월에 연한 황색꽃이 핀다. 열매는 협과로 편평한 선형이고 길이 3~6cm, 폭 5mm 정도로 6-8개의 마디가 있어 성숙하면 분리되며 그 안에 각각 1개의 종자가 들어 있다.

〈 물옥잠과 화기모양 〉

※ 출처: 2015. 조승현(전북농업기술원)

(14) 물옥잠 물옥잠(*Monochoria korsakowi*)은 물옥잠과 식물로 못이나 논에서 자라는 일년생 수생식물이다. 키는 20~50cm 정도이며 줄기는 짧고 한 개의 잎이 달린다. 잎은 길이와 너비가 각각 5~10cm 정도의 피침형 또는 심장형이며, 잎 가장자리는 밋밋하고 나란히맥을 지니고 있다. 잎색은 진한녹색으로 물달개비 잎보다 두껍고 광택이 있다. 꽃은 8~9월에 피고, 지름 2~3cm 정도의 청자색이다. 열매는 삭과로 익는데 동그스름한 원추 모양을 하고 있고, 속에는 많은 종자가 들어 있다.

2 다년생

(1) **올방개** 올방개(*Eleocharis kuroguwai* Ohwi)는 사초과 다년생 식물로 괴경(덩이줄기)이나 종자로 번식하고, 올메 또는 올미장대라고도 부른다. 줄기는 키 40-80cm, 지름 3-5mm 정도로 둥글고 회색을 띠며 속이 비어 있고 줄기의 내부에 격막(膈膜)이 있어 줄기를 훑어보면 격막이 터지는 것을 느낄 수 있다. 줄기는 마르면 마디가 분명하게 드러난다. 꽃은 7-9월에 핀다. 꽃차례는 줄기 끝에 원주형의 작은 이삭 1개가 된다. 열매는 수과(식물의 열매 모양)이다. 땅속줄기는 뻗으며 생육후기에 포복지의 끝에 1~1.5cm의 괴경(덩이줄기)이 형성된다.

〈 올챙이고랭이와 종자모양 〉

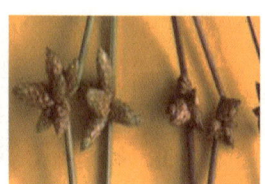

(2) **올챙이고랭이** 올챙이고랭이(*Scirpus juncoides* Roxb)는 사초과 식물로 종자번식을 하나 괴경(덩이줄기)이 있고 간혹 그곳에서 싹이 나오는 다년생에 속하며 올챙이골로도 부른다. 줄기는 키 20-80cm, 지름 1-5mm 정도의 원주형으로 짙은 녹색이지만 윤기가 없다. 잎집은 막질이고 길이는 5-15cm이다. 꽃은 7-9월에 줄기 옆에서 나온 이삭꽃차례에 핀다. 작은 이삭은 계란형이며 줄기 상단부의 한쪽에 2~6개가 달린다. 수과(식물의 열매 모양)는 넓은 도란형으로 흑갈색으로 익는다.

〈 너도방동사니와 종자 및 번식기관 모양 〉

(3) **너도방동사니** 너도방동사니(*Cyperus serotinus* Rottb)는 다년생 사초과 식물이다. 괴경(덩이줄기)에서 싹이 나고 땅속줄기가 뻗어 끝부분에 여러 개의 괴경(덩이줄기)이 형성되어 다음해에 발생이 확산된다. 키는 50~100cm 정도이고, 줄기는 잎의 사이로부터 나오고 굵으며 삼각상이다. 꽃은 8~9월에 피고 줄기의 끝에 잎 모양의 긴 포엽이 3~4개 있다. 화서의 작은 이삭은 선형으로 20개 정도의 꽃이 2열로 달리며, 홍갈색이고 암술머리가 2개로 갈라진다. 열매는 길이 1.5mm 정도이고 갈색을 띠며 8~10월에 익는다.

〈 가래와 번식기관 및 종자 모양 〉

(4) **가래** 가래(*Potamogeton distincuts* A. Bennet)는 다년생 가래과 식물로 종자, 겨울눈(冬芽) 또는 지하경에 의해 번식한다. 지하경은 흙 속으로 길게 뻗으며 끝에 닭발 모양의 황색 또는 황갈색의 인경(鱗莖)이 형성되는데 이것이 다음해의 영양번식을 하는 번식체이다. 지하경의 각 마디에서 뿌리와 수중경(水中莖)이 생긴다. 잎의 앞면은 녹색이고 뒷면은 황록색이다. 줄기는 물의 깊이에 따라 길이가 변한다. 꽃은 황록색이고 잎자루에서 나온 꽃줄기는 2.5~5cm로 곧게 서고 수면으로 나온다. 과실은 등쪽이 둥글거나 용골판이 있고 부리가 달린다.

〈 벗풀과 번식기관 및 종자 모양 〉

(5) **벗풀** 벗풀(*Sagittaria sagittifolia L. var. leucopetala Miq.*)은 다년생 택사과 식물로 괴경(덩이줄기)이나 종자로 번식한다. 지하경이 뻗으며 끝에 덩이줄기가 달린다. 줄기는 잎자루가 대신하며 잎자루 끝에 잎이 달리는데 키는 20~70cm 정도이다. 유묘기의 1~2엽은 올미와 같은 모양으로 선형(線形)이나 생육이 진전되면서 잎의 기부가 두 갈래로 갈라져서 끝이 뾰족한 화살모양이다. 잎 가장자리는 밋밋하다. 꽃은 8~10월에 피는데 흰색이다. 열매는 수과(식물의 열매 모양)로 길이 4-5mm의 난형이다.

〈 새섬매자기와 번식기관 모양 〉

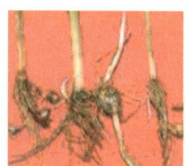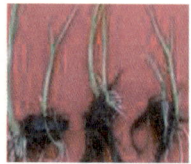

※ 출처: 조승현(전북농업기술원, 2015)

(6) **새섬매자기** 새섬매자기(*Scirpus planiculmis*)는 내염성이 강한 다년생 사초과 식물로서 간척지에 많이 발생한다. 주로 덩이줄기(塊莖)나 월동주로 번식한다. 줄기는 곧게 서며 횡단면이 삼각형이고 키가 20~100cm 정도이다. 밑부위는 커져서 0.8~3cm 정도의 괴경(덩이줄기)을 형성한다. 괴경(덩이줄기)은 6cm부근의 표토에만 분포하는데 껍질이 단단하여 기계적인 충격이나 건조 등에서도 잘 견딘다. 방추형의 괴경(덩이줄기)은 갈색을 띠며, 다소 딱딱한 수염뿌리와 1개 내지 수 개의 맹아가 붙어 있다. 꽃은 7월 상중순에 피고, 8월 하순에 지상부는 고사되므로 여름철에 괴경(덩이줄기) 형성이 끝난다.

제13장

벼 주요
병해충

〈 벼 생육시기와 병해충 〉

구분	못자리	본답 초기 (5중~6중)	본답 중기 (6하~8상)	본답 후기 (8중~수확기)
병	모잘록병 모도열병 깨씨무늬병 키다리병	잎도열병	잎도열병 잎집무늬마름병 흰잎마름병 깨씨무늬병 이삭도열병(조생종)	이삭도열병, 잎집무늬마름병 흰잎마름병 세균성벼알마름병 이삭누룩병, 이삭마름병 깨씨무늬병
해충	벼잎선충	애멸구 벼물바구미 벼잎벌레 벼굴파리류	벼멸구, 애멸구 흰등멸구 벼물바구미 이화명나방 혹명나방, 노린재류	벼멸구 흰등멸구 이화명나방 혹명나방 노린재류

1. 벼 병해충 발생 예찰

1 병해충 예찰의 목적

벼 주요 병해충 발생의 시기 및 발생량과 그 피해상황을 조사하여 방제적기를 신속히 알고 동시에 효율적인 방제대책을 수립하고자 함

모내기 (월.일)	심는거리 (cm)	무방제구 시비량(kg/10a)			비고
		N	P_2O_5	K_2O	
5.20~25	30x14	16.5	10	8	살균·살충제, 무살포

2 벼 병해충 조사포장 설치 및 조사

(1) **조사장소** : 각도 도농업기술원 및 시군농업기술센터 예찰포장(논)

(2) **조사품종** : 화성벼, 추청벼

(3) **조사 개소수** : 690개소

(4) **조사회수** : 8회

(5) **조사 대상** : 이삭도열병, 잎집무늬마름병, 벼멸구, 혹명나방 등 13종

〈 우리나라 벼 주요 병해충 예찰을 위한 주요 기구 〉

도열병 포자채집기　　　　　　　해충유인 유아등　　　　　해충채집기

3 벼 주요 병 예찰 및 조사

(1) 잎도열병

① 조사시기 : 6.20~7.30(매순 말일) 5회

② 조사방법 : 품종별로 20포기를 택하여 포기당 병반 면적율 조사

(2) 도열병

① 조사시기 : 6.11~9.10(매일) 92회

② 조사방법 : 그리세린교를 바른 슬라이드글라스를 포자 채집기에 설치
하고 밤 1~2시까지 회전시켜 채집된 분생포자를 현미경 검경 조사

(3) 이삭도열병

① 조사시기 : 9.10(화성벼), 9.20(추청벼)

② 조사방법 : 20주를 택하여 목, 가지, 마디로 구분하여 병든 이삭율 조사

(4) 잎집무늬마름병

① 병든 줄기율

• 조사시기: 7.10~8.20(매순 말일) 5회

• 조사방법: 20주에 대한 평균 병든 줄기율 조사

② 잎집무늬마름병 병무늬 수직 진전도

• 조사시기: 7.10~8.30(매순 말일) 6회

• 조사방법: 20포기에 대한 포기당 평균 병무늬 높이 비율 조사

(690개소 관찰포, ha / 농진청, 2014)

처리시기	발생면적(ha)					평년 (B)	평년대비 (A/B, %)
	2014년						
	소	중	다	심	계(A)		
계	157,411	14,726	4,024	1,143	177,304	123,279	147
이삭도열병	27,569	4,405	884	118	32,976	10,421	320
잎집무늬 마름병	87,702	7,672	1,857	988	98,219	75,972	129
흰잎마름병	10,805	356	479	37	11,677	14,507	80
세균벼알 마름병	3,094	4	0	0	3,098	9,771	32
이삭누룩병	25,333	764	0	0	26,097	3,097	840
깨씨무늬병	7,190	1,525	804	0	9,519	9,511	100

※ 평년은 '04 ~'13년 평균값

(5) 흰잎마름병

① 조사시기 : 7. 10~8. 30(매순 말일) 6회

② 조사방법 : 출수 전에는 20포기에 대한 포기당 병반면적율을 조사하고, 출수 후에는 각 주에서 제일 긴줄기를 택하여 상위엽 (최상 위에 잎(지엽)·차엽·3엽)의 발병율 조사

(6) 세균성벼알마름병

① 조사시기 : 9. 10(회성벼), 9. 20(추청벼)

② 조사방법 : 20포기를 택하여 평균 병든 이삭율 조사

(7) 깨씨무늬병 병반면적율 조사

① 조사시기 : 9. 10(화성벼), 9. 20(추청벼)

② 조사방법 : 20주를 택하여 평균 병반면적율 조사

(8) 이삭누룩병 병든이삭율 조사

① 조사시기 : 9. 10(화성벼), 9. 20(추청벼)

② 조사방법 : 20주를 택하여 평균 병든 줄기율 조사

(9) 줄무늬잎마름병 병든줄기율 조사

① 조사시기 :7. 10~8. 20(매순 말일) 5회

② 조사방법 : 20주에 대한 평균 병든 줄기율 조사

〈 벼 주요 충해 발생면적 〉

(690개소 관찰포, ha / 농촌진흥청, 2014)

처리시기	발생면적(ha)					평년(B)	대비(%) 평년(A/B)
	'14년						
	소	중	다	심	계(A)		
계	11,725	63	199	0	11,987	90,360	13
벼멸구	1,470	0	0	0	1,470	23,249	6
흰등멸구	3,037	63	0	0	3,100	20,358	15
벼물바구미	172	0	0	0	172	331	52
혹명나방	2,139	0	0	0	2,139	43,575	5
멸강나방	98	0	0	0	98	182	54
	3,304	0	199	0	3,503	1,283	2.7배
이화명나방	1,505	0	0	0	1,505	1,382	109

※ 평년은 '04~'13년 평균값

4 벼 주요 충해 예찰 및 조사

(1) **이화명나방** : 1화기(발아 최성일 후 30일(7. 10), 45일(7. 20)) 조사
2화기(발아 최성일 후 25일(9. 10)) 조사

* 조사방법 : 20주에 대한 피해줄기율 조사

(2) **혹명나방** : 7. 20~8. 30(매순 말일) 5회 조사

* 조사방법 : 20주에 대한 상위 3엽의 피해잎을 조사

(3) **멸구류(벼멸구, 흰등멸구)** : 7. 10~9. 20(매순 말일) 8회 조사

* 조사방법 : 20주를 택하여 각 포기에 성충 및 약충 조사

(4) **애멸구** : 6. 20~7. 20(매순 말일) 4회 조사

* 조사방법 : 20주를 선택, 포기에 있는 성충 및 약충 조사

(5) **벼물바구미(어른벌레)** : 6. 20~8. 20(매순 말일) 7회 조사

* 조사방법 : 20주를 택하여 어른벌레 밀도조사

(6) **먹노린재** : 6. 30~8. 30(매순 말일) 7회 조사

* 조사방법 : 20주를 택하여 성충 및 약충 밀도조사

〈 연대별 벼 주요 병해의 발생 동향 〉

(농촌진흥청, 2006)

병해명	'50	'60	'70	'80	'90	'00
도열병	+++	+++	+++	++	++	+
흰잎마름병	+	+	++	+++	+	++
잎집무늬마름병	+	++	++	+++	+++	++
줄무늬잎마름병	+	+++	++	+	+	++
오갈병	+	+	++	++	+	+
검은줄무늬오갈병	–	–	+	++	+	++
키다리병	+	+	+	++	+	+++
깨씨무늬병		++	++	+	+	++
이삭누룩병		++	+	+	+	++

주) +: 발생 소, ++: 발생 중, +++

2. 벼 주요 병의 생태 및 방제

연대별 벼 주요 병해의 발생 동향

벼의 병해는 기후, 재배장소 등 환경이나 벼 품종의 특성에 따라 발생하는 병해의 종류는 다르다. 즉 수년 전에 심한 피해를 주었던 병이 병에 강한 (저항성) 품종의 개발·보급, 재배방법(비료주는 양 등) 및 기상 변화 등으로 한동안 피해가 없다가 다시 발생이 심하여 심각한 피해를 받는 경우가 있다.

도열병은 1950년대에서 1970년대까지 발생이 심하였으나, 점차 도열병에 강한 품종이 육성되고, 질소질 비료를 적게 주면서 2000년대 들어서서 부터는 발생이 적었다. 줄무늬잎마름병은 1960년대에는 저항성 품종이 없으면서, 맥류를 많이 재배하는 남부지역에서 발생이 심했으나, 1980년대부터는 저항성 품종의 개발보급이 본격화되면서 발생이 크게 줄었다. 최근에는 기후 온난화로 중부지역까지 발병이 확대되면서 검은줄무늬오갈병과 함께 피해가 늘어나고 있다. 키다리병은 2000년대 들어서 육묘장(비닐하우스)가 늘어나면서 발병이 심하다.

〈 잎도열병으로 피해 입은 포장 및 병반 〉

〈 이삭도열병 피해증상 및 피해를 받은 갈변미 〉

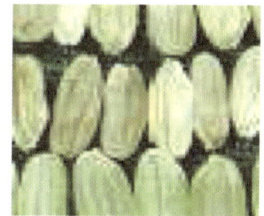

2 벼 주요 병의 생태 및 방제

(1) 도열병

- 영명 및 학명 : Rice Blast, *Magnaporthe grisea*(Hebert) Barr
- 종류: 모도열병, 잎도열병, 목도열병, 이삭도열병
- 병원체: 진균의 일종으로 자낭균에 속하고 분생포자 형성

※1개의 병반에서 20,000개의 포자 형성, 1세대 5~6일, 30여 레이스

- 발생 생태 및 조건
  - 균사 상태(피해 잎의 목, 가지, 마디, 왕겨 등)로 월동
  - 평균기온 20℃가 넘는 6월 중순이후 저온에서 발생
  - 질소비료 과용, 사질답, 장마철(일조부족, 연약한 생육)

- 방제법
  - 건전한 종자 채종, 볍씨소독, 저항성 품종 선택
  - 표준시비, 빼곡히 심지 말 것, 병이 걸린 모 신속 제거

〈 잎집무늬마름병 초기 및 중후기 병징과 균핵모습 〉

(2) 잎집무늬마름병

- 영명 : Sheath blight

- 학명 : *Thanatephorus cucumeris*(Frank) Donk

- 병원체 : 대표적인 진균으로 균핵 상태로 월동

  - 1차 감염: 땅에 떨어진 균핵이 월동하고 물에 떠서 벼 잎집에 닿는다.

  - 2차 감염: 새로운 병원균의 균사에 의해 이루어진다.

- 발생 생태 및 조건

  - 균핵의 발아는 16~18℃, 벼에 침입하는 최적온도는 28~32℃이며 침입가능 습도는 96% 이상 임.

  - 최고분얼기이후 7~8월 기온이 높고 습기가 많은 날이 지속되고 포기수를 늘린 포장에서 많이 발생한다.

  - 질소 시비량이 많고 경엽이 무성한 포장에서 발생이 많다

- 방제법

  - 이앙 전 써레질 작업 후 물위에 떠 있는 균핵을 제거한다.

  - 질소질 비료의 과용을 피하고 칼륨 거름을 충분히 준다. 볏짚은 퇴비로 쓰고 포기수 늘리기를 피하여야 한다.

  - 발병 상습답은 과밀한 포기수 늘리기를 피하고 발병 초기부터 방제 약제를 살포한다.

〈 깨씨무늬병 증상 및 피해를 받은 쌀알 〉

(3) 깨씨무늬병

- 영명 및 학명 : Brown spot, *Cochllobolus mlyabeanus*
- 병원균 : 자낭균류로 자낭은 흑갈색
- 발생 생태 및 조건
  - 유기물 부족 및 잡초 방치 등으로 양분이 고갈되었을 때
  - 질소, 칼리, 규산, 고토, 철분, 칼슘 부족
  - 사질토, 노후화답, 추락답, 출수기의 고온, 저녁의 저온, 잦은 강우 등
  - 토양 환원으로 유화수소 발생하여 뿌리가 부패되었을 때
  - 벼 전 생육기간을 통해 발병하지만, 유수형성기 이후에 갑자기 발병이 늘어난다.

- 방제법
  - 종자소독, 병에 걸린 볏짚은 충분히 부숙시켜 사용
  - 토양개량(객토 등), 퇴비, 칼리비료, 규산질비료, 유기질 비료 등을 사용하여 양분고갈이 나지 않도록 한다.
  - 약제방제 : 이삭마름병에 등록된 약제로 이삭도열병과 동시 방제

〈 이삭누룩병 증상 및 피해립 〉

〈 이삭누룩병 피해립(좌) 및 무피해립(우) 〉 (농촌진흥청, 2010)

(4) 이삭누룩병

- 영명 및 학명 : False smut, *Ustilageinoidea virens*
- 병원체 : 병원균은 균사, 후막포자, 분생자, 분생자병, 자생체로 구분
  - 벼알에 검은색 덩어리가 형성되는데, 덩어리의 표면에 생긴 암갈색의 분말이 후막포자이다. 일부 병든 립에는 균핵이 형성되기도 한다.
- 발생 생태 및 조건
  - 균핵 또는 후막포자로 월동하고 이듬해 1차 전염원이 된다. 다음 해 7~8월경 발아하여 자실체를 형성한다.
  - 벼꽃이 팰 무렵 벼 꽃을 통하여 벼알로 침입하고, 증상은 벼알이 황록색 및 암록색의 돌출물이 형성된다.
  - 병 발생은 질소질비료 과용, 일조부족, 저온, 높은 습도 등이 영향을 미친다.
- 방제법
  - 건전 종자 사용, 이삭누룩병 상습지에는 조생종 품종을 재배
  - 질소질과용 회피, 규산질비료 사용
  - 출수 10일전 및 출수기(화기 전염)에 훼림존 성분약제를 살포한다.

〈 기계모내기상자에서 모키우기 중 키다리병 발생 〉

※ 베노람: A – 수화제 종자침지 ; B – A + 육묘상관주 ; C – 종자습분의 + 육묘상관주 ; D – 무처리〉

〈 본논에서 키다리병 발생 및 감염주 포자형성(흰색) 〉

(5) 키다리병

- **영명 및 학명** : Bakanae disease, *Gibberella fujikuroi*
- **병원체** : 대표적인 종자전염성 진균
  - 피해를 주는 것은 무성세대의 균에 의하여 나타난다.
  - 병원균이 벼 종자에 존재하며 발아할 때 침해된다.
- **발생생태 및 조건**
  - 개화기에 심하게 감염된 종자는 발아시 고사하고, 중간 정도 감염된 종자는 전형적인 키다리 증상을 나타낸다.
  - 고온성 병으로 최적온도는 35℃, 최저온도는 25℃이고, 균사 발육 최적온도는 27~30℃, 병징 발현 최저온도는 20℃이다.
- **관리방법**
  - 무병포장에서 수확한 건전종자를 사용하고, 종자소독을 철저히 한다.
  - 온탕침지 소독: 60℃의 물 100ℓ에 종자 10kg을 10분간 침지한다.
  - 출수 전과 후에 잎집무늬마름병을 포함한 복합 살균제 처리

〈 벼 기계모내기 상자육묘시 모잘록병 발병 〉

(6) 모잘록병

- 영명 및 학명 : Seedling damping-off
- 병원체
  - 토양전염성 : *Fusarium* spp., *Rhizopus* spp., *Phythium* spp. 등
  - 종자전염성 : *Gibberella fujikuroi, Pyricularia grisea*, Pseudomonas spp. 등
- 병 증상 : 지제부 갈변, 마르는 현상, 흰색이나 담홍색 균사체
- 발생생태 및 발병하기 좋은 조건
  - 고온 다습 밀파 육묘관리로 주로 육묘상지에 파종 직후 발생하며 못자리 초기 이후에는 마름증상을 보인다.
  - *Rhizopus spp.*의 발병 조건 : 출아기 고온(30℃) 다습, 녹화기 이후 10일간 5~10℃의 저온 경과, 주야간 급격한 온도교차, 질소(유안) 과다, 불량종자 및 오염된 시설·자재
- 관리방법
  - 건전종자 사용, 주간 30℃이상, 야간 10℃이하가 되지 않게 관리
  - 논흙 및 산흙을 사용하고, pH를 4.5~5.5로 유지
  - 다찌밀액제(다찌에이스), 타로닐수화제(다코닐:미등록 약제) 500㎖씩 각각 파종 전에 뿌리고, 파종했을 때는 파종 3일 후까지 토양관주
    ※ 두 약제를 혼용할 경우 약해가 발생되므로 근접살포 및 혼용 금지

〈 벼흰잎마름병발병포장, 병징, 병반에서 형성된 병균덩어리(세균) 〉

(7) 벼흰잎마름병(일명 백엽고병)

- 영명 : Bacterial leaf blight(BLB),
- 학명 : *Xanhomonas oryzae pv. oyzae*
- 병원체 : 세균성 물관에 생기는 병, 막대모양이며 끝이 둥글다.
  - 최적 생육온도 26~30℃이나, 5~10℃에서도 생육가능
  - 영양원이 없을 경우 20℃에서 약 20일간, 30℃에서 수일간 생존 가능
- 발생생태 및 조건
  - 중간기주(겨풀, 줄풀), 병든 볏짚, 벼 그루터기에서 병원균이 월동
  - 생육시기 및 적온 : 7월상순~수확기, 26~30℃(고온성 세균병)
  - 병원균은 벼의 수공, 기공 및 상처를 통하여 침입
  - 잎이 흰색으로 말라서 고사, 광합성 저해, 분얼수·영화수·수량 감소
- 최근의 발생요인과 앞으로의 전망
  - 기상이변으로 병발생시기가 빨라지고, 병원균 활동기간이 길어짐
  - 육성된 저항성 품종의 이병성에 따른 병 발생 급증(동진 1호 등)
  - 고온, 후기 집중호우, 병원균 변이 등 향후 병 발생 증가가 예상
- 관리방법
  - 기주식물체인 잡초 제거, 침수되었던 논은 물 빠진 후 약제 살포
  - 출수기 발병 전, 태풍 전에 예방위주의 전문약제방제로 확산 방지
  - 모판처리 약제 처리로 저항성을 유도하여 출수기까지 방제

〈 세균성벼알마름병 피해 증상 및 포장, 피해립 〉

(8) 세균성벼알마름병

- **영명 및 학명** : Bacterial grain rot, *Burkholderia glumae*
- **병원체** : 병원균은 원핵생물계에 속하고, 단간상의 그램 음성 세균
  - 최적 생장 온도는 30~35℃로 고온에서 잘 자람
  - 기주로는 벼만이 알려져 있고, 유묘부패와 벼 알마름 증상을 일으킴.
- **발생생태 및 조건**
  - 종자에서 월동하여 침종 시 건전종자로 전염
  - 모판에서도 고온다습 할 때 유묘 부패현상을 일으킴
  - 병원균이 뿌리, 잎집(엽초)기부에 존재, 모의 생장과 함께 위쪽으로 이동
    ※ 잎집 등에서 잠복하다가 출수기에 발병에 좋은 조건이 되면 벼알에 침입
  - 벼의 출수 개화기에 고온다습한 환경에서 주로 발생하는데, 기온이 22℃이상 지속되면서 비가 자주 오면 심하게 발생
- **최근의 발생요인과 앞으로의 전망**
  - 육묘공장 육묘(고온 다습) 증가로 이병 증가
  - 가을철 고온, 잦은 강우 등으로 향후 병발생 증가가 예상
- **관리방법**
  - 발병되지 않은 포장에서 채종한 건전종자 사용
  - 종자를 염수선(비중 1.13~1.14)하고, 종자소독을 하여 사용
    ※ 온탕처리는 55℃에서 10분, 건열처리는 40℃에서 2일의 경우 효과
  - 출수기 전후 적용약제를 2회 살포: 이삭도열병과 동시방제가 가능

〈 벼 줄무늬잎마름병 피해 포장 및 전형적인 병징 〉

(9) 벼 줄무늬잎마름병

- 영명 : Stripe, Rice stripe tenuivirus(RSV)
- 병원체 : 데뉴이바이러스에 속하는 바이러스, 입자크기 400×8nm
- 발생생태 및 조건
  - 애멸구에 의하여 전염되며, 성충이 보독충이면 그 유충도 바이러스를 가지고 태어나는 경란(알) 전염
  - 피해 : 벼 7엽기까지 감염이 되며 9엽기까지는 50%정도가 고사
  - 기주식물 : 벼, 보리, 밀, 호밀, 옥수수 화본과잡초 등 21종 보고
- 발생 요인 분석 및 전망
  - 겨울철 고온으로 애멸구 월동량 및 보독충 밀도 증가
  - 못자리 초기 예방을 소홀히 한 농가에서는 다 발생 우려
  - 쌀 조기 출하를 위해 RSV에 약한 조생종 품종 등 조기 이앙 증가
  - 모내기 전 모판에 약제처리 등 본답 초기 해충 방제 미흡
  - 바이러스 보독애멸구가 전국적으로 분포하고 있어서 발생확대 전망
- 관리방법
  - 병든 식물은 발견 즉시 제거
  - 매개충 애멸구 밀도 및 보독충률 예찰로 사전예방 철저
  - 저항성 품종선택, 적기이앙, 표준시비(질소질 비료 과용 금지) 등
  - 육묘상 처리후 이앙, 본답초기 벼물바구미와 동시 방제

〈 병을 옮기는 끝동매미충 및 발병포장 〉

(10) 오갈병

- 영명 : Dwarf, Rice dwarf phytoreovirus(RDV)
- 병원체 : 레오비리대(Reoviridae)에 속하는 구형 바이러스,
  직경 70nm
- 발생생태 및 조건
  - 1965년부터 발생되기 시작하여(남부지역에 국한) 점차 충·남북,
    강원 지역까지 발병이 확대되었음
  - 끝동매미충(Nephotettix cincticeps)이 주로 매개하며, 성충이 보독
    충이면 그 유충도 바이러스를 가지고 태어나는 경란(알) 전염을 함
  - 벼 오갈병은 대부분 새끼치기(분얼) 말기(7월 말경)에 발병이 되지
    만, 조기재배의 경우에는 이삭팰 때(출수기)에도 발병되기도 함
  - 기주식물: 벼, 보리, 밀, 옥수수, 호밀, 둑새풀, 강피 등 35종 보고
- 발생 요인분석 및 전망 : 줄무늬잎마름병과 거의 같다.
- 관리방법
  - 병든 식물 및 서식지 제거, 매개충 철저히 방제
  - 벼 오갈병 상습지역에서는 밀, 보리 재배를 지양
  - 보리밭 근처에 모판 설치를 피하고, 저항성 품종 재배

〈 병을 옮기는 애멸구, 발생포장 및 벼잎의 증상 〉

〈 벼줄기 증상, 융기된 형태, 융기 조직 확대 모습 〉

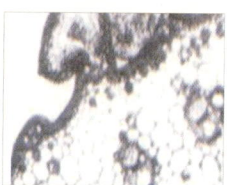

(11) 검은줄오갈병

- 영명 : Black-streaked dwarf, Rice black-streaked dwarf figivirus(RBSDV)

- 병원체 : 레오비리대(Reoviridae)에 속하는 구형 바이러스

- 발생생태 및 조건

  - 벼 검은줄오갈병은 1973년 경북 선산 지방에서 처음 발생

  - 벼 이병주로부터 바이러스를 획득한 애멸구가 보리에 감염시키고, 보리 이병주로부터 바이러스를 획득한 애멸구가 벼에 비래하여 감염

  - 벼 RBSDV와 동일한 바이러스로 잎·줄기에 검은줄무늬와 위축을 일으키며 출수가 되지 않아 식용, 사료용 모두 수량에 치명적임

- 발생 요인분석 및 전망 : 오갈병과 거의 같다.

- 관리방법

  - 병든 식물 및 서식지 제거, 매개충 철저히 방제

  - 벼 오갈병 상습지역에서는 밀, 보리 재배를 지양

  - 보리밭 근처에 모판 설치를 피하고, 저항성 품종 재배

(농촌진흥청, 1997 & 2014)

해충명	'50	'60	'70		'80		'90	'00
			전기	후기	전기	후기		
이화명나방	+++	++	++	+	+	+	+	+
혹명나방	+	+	++	++	++	+	+	+++
벼멸구	+	++	+++	+++	+++	+++	+++	+++
흰등멸구	+	++	+++	+++	+++	+++	+++	+++
애멸구	+	+++	+	++	++	+	+	+
끝동매미충	+	+	++	++	+	+	+	+
벼굴파리류	+	+	++	+++	+++	+	+	+
벼잎벌레	+	+	++	++	++	++	+	+
벼물바구미						+	+++	+

주) +: 발생 소, ++: 발생 중, +++: 발생 심

3. 벼 주요 해충의 생태와 방제

1 벼 주요 해충의 연대별 발생추이

벼를 가해하는 해충은 약 140 여종이 알려져 있다. 이 중에서 벼에 다소
피해를 유발시키는 해충은 30~40종이다.

• 잎을 가해하는 해충: 벼잎벌레, 혹명나방, 벼애나방, 벼물바구미성충, 멸
  강나방, 벼총채벌레
• 잎에 잠입하여 잎조직(엽육)을 가해하는 해충: 벼잎굴파리, 벼애잎굴파리
• 줄기를 가해하는 해충: 이화명나방, 벼밤나방 유충
• 줄기, 잎을 흡즙하는 해충: 벼멸구, 흰등멸구, 애멸구, 끝동매미충
• 잎, 어린 이삭을 가해하는 해충: 벼줄기굴파리
• 이삭을 흡즙 가해하는 해충: 각종 노린재류, 끝동매미충
• 뿌리를 가해하는 해충: 벼뿌리바구미, 벼물바구미 유충
• 바이러스를 매개하는 해충: 애멸구, 끝동매미충

〈 벼물가파리류 유충, 번데기, 피해 받은 묘 〉

2 벼 주요 해충의 생태와 방제

(1) 벼물가파리류(Rice shore flies)

- 형태
  - 유충: 옅은 갈색이고, 보통 구더기 모양
  - 성충: 크기는 5~7mm이고, 작은 파리형태
  - 번데기: 크기 10~13㎜

- 생태
  - 성충은 3월 하순부터 발생량이 점차 늘어나 6월 하순에 발생량이 가장 많음
  - 유충은 6월 상순~중순 사이에 벼포장에 발생량이 가장 많음
  - 염농도가 높은 논(간척지 등)에서 발생이 많음

- 피해
  - 유충이 볍씨의 눈 부위를 갉아먹어 발아를 못하게 함
    ※ 물논씨뿌림(담수직파)시 입모를 불량하게 함
  - 번데기를 형성할 때 일부 종은 벼의 줄기나 잎을 붙들어서 만들기 때문에 벼의 생육을 억제

- 방제
  - 파종 전에 논말리기를 충분히 하여 유충발생을 억제
  - 써레(정지)작업이나 파종 당일에 벼농사용 살충제를 살포

〈 벼물바구미 유충, 성충, 번데기 및 피해뿌리(하)〉

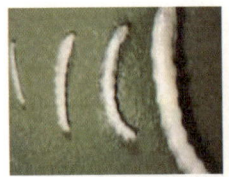

(2) 벼물바구미(딱정벌레목: 바구미과)

- **영명 및 학명** : Rice water weevil, *Lissorhoptrus oryzophilus* Kuschel
- **기주식물** : 성충 벼등 13과 104종, 유충 올방개 등 9종 확인
- **생태** : 성충은 암회색 바탕에 큰 흑색무늬 ; 유충은 전후 우유빛
  - 성충으로 4월 중순경에 활동을 시작, 5월 하순경에 논으로 이동하여 수면 위, 아래를 오가며 벼 잎을 갉아먹고 수면아래 잎집 속에 산란
  - 새로 나온 성충은 7월 상중순부터 발생하고, 발생최성기는 8월 상순, 월동처로의 이동최성기는 7월 하순 ~ 8월 상순임
- **피해** : 벼 이앙 직후부터 6월말까지 가해
  - 성충은 잎맥을 따라 잎의 표피만 갉아먹고 뒷면은 남김
  - 유충은 뿌리를 갉아먹기 때문에 분얼이 억제되고, 줄기수가 감소
  - 피해가 심하면 생육이 정지되고, 아래 잎은 황색으로 변함
  - 성충은 벼 이삭을 가해하여 구멍난 쌀(穿孔米)이 생기기도 함
- **방제**
  - 살균 · 살충 혼합 종자분의제 육묘상 처리
  - 써레질 전 및 본논 초기에 입제농약 살포

〈 벼줄기굴파리 성충, 번데기, 1화기 피해잎, 2화기 피해이삭 〉

(3) 벼줄기굴파리(파리목)

- **영명 및 학명** : Rice stem maggot, *Chlorops oryzae* Matsumura
- **형태**
  - 유충: 유백색의 원통형이며, 3령을 거쳐 7~9mm의 백색 구더기가 됨
  - 성충: 크기가 2.0~2.5mm이고, 몸 전체가 황색 임
  - 번데기: 편평한 방추형으로 크기 6~7mm 정도, 황갈색
- **생태**
  - 1령 유충으로 뚝새풀 등의 잡초나 보리 줄기에서 월동
  - 성충은 연 3회 발생: 5월 중하순, 7월 상중순, 9월 중순
  - 암컷 한 마리는 보통 50개 정도의 알을 낳음
- **피해**
  - 제1세대 유충: 줄기 속으로 들어가 생장점 부근의 어린잎을 갉아 먹음
    ※ 피해 잎은 가늘고 긴 구멍이 생기며, 노랗게 되어 위축, 또는 고사
  - 제2세대 유충: 어린 이삭을 가해하여 출수하면 벼 알이 퇴화된 것처럼 쭉정이가 됨
- **방제** : 제 1, 2세대 유충을 대상으로 2회만 방제하면 됨
  - 제1세대 유충: 5월 하순, 입제농약 육묘상, 또는 이앙전 수면 처리
  - 제2세대 유충: 7월 중순, 입제농약 수면처리, 희석제농약 경엽 처리

〈 벼잎벌레 성충, 알, 유충, 피해잎 〉

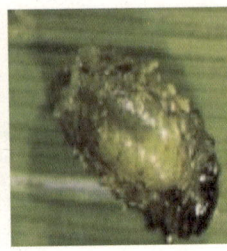

(4) 벼잎벌레(딱정벌레목)

- 영명 : Rice leaf beetle, *Oulema oryzae* Kuwayama
- 형태
  - 유충: 4.7mm 내외의 방추형으로 작은 흙덩이처럼 보임
  - 성충: 몸길이가 4.5mm 내외, 청남색 바탕에 가슴부분이 황갈색
- 생태
  - 월동 성충은 5월 하순~6월 하순까지 벼의 잎 끝에 100~200개 산란
  - 7월 상순부터 나온 성충은 잠시 벼 잎을 갉아 먹다가 7월 하순~8월 상순경에 월동처로 옮겨 월동에 들어간다.
- 피해
  - 성충과 유충 모두 벼 잎을 가해하나, 유충에 의한 피해가 크다.
  - 유충은 잎 표면의 엽육만을 갉아먹어 엽맥과 평형으로 백색선의 섭식흔적을 남기고, 피해 잎은 점차 갈색으로 변하여 말라 죽는다.
  - 피해가 심하면 헛줄기가 증대, 출수 지연, 수량 및 품질에 영향
- 방제
  - 못자리 말기나 본답 초기 희석제농약 경엽 살포한다.
  - 이앙할 때 입제농약을 육묘상 처리.
  - 유충에 의해 벼 잎에 하얀 피해증상이 나올 때에 농약 살포.

〈 애멸구 알, 어린약충, 노랑약충 〉

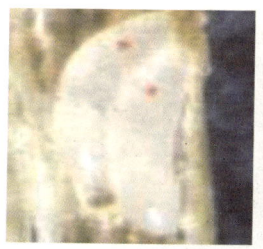

〈 성충(장시형) 〉　　　　〈 검은줄오갈병 발병 포장 〉

(5) 애멸구(매미목: 멸구과)

- 영명 : Smaller brown planthopper

- 학명 : *Laodelphax striatellus* Fallen

- 형태 : 몸과 머리는 담황색이고 몸에는 흑색 반점이 있다.

- 생태 : 줄무늬잎마름병과 검은줄오갈병의 매개 곤충이다.

    - 제1세대 성충은 3월 하순~4월에 발생하여 잡초에서 맥류로 이동

    - 제2세대 성충은 모나 이앙 후 벼 가해와 줄무늬잎마름병을 매개

- 피해 : 흡즙에 의한 피해보다 바이러스병 매개에 의한 피해가 더 크다.

- 방제

    - 이앙 후에 벼에 이동하는 제2세대 성충과 제3세대 약충이 주요 대상

    - 이앙 전에 육묘상 약제 처리

    - 유제나 수화제 등 희석제 농약을 경엽처리할 때는 2회 이상 살포

〈 벼끝동매미충 잎집 속의 알, 약충, 성충 암컷, 성충 수컷 〉

(6) 벼끝동매미충(매미목: 매미충과)

- 영명 및 학명 : Green rice leafhopper, *Nephotettix cincticeps* Uhler
- 형태
  - 머리는 황색~담록색을 띠고, 몸색 바탕은 황록색, 날개는 선명한 초록색(수컷 : 날개 끝 검은색)이다.
- 생태
  - 3~4령 약충으로 논뚝, 보리밭, 제방 등에서 월동한다.
  - 1년에 4~5회 발생하는데, 최성기는 4월 하순, 6월 하순, 7월 중하순, 8월 하순~9월 상순이다.
  - 산란수는 월동세대 성충은 500개 내외, 여름세대 성충은 100개 정도
- 피해
  - 성충과 약충이 벼 즙액을 빨아먹고, 오갈병(바이러스병)을 매개한다.
  - 이삭 팰 때 최상위 잎(지엽)과 이삭에서 즙액을 빨아먹고, 배설물에 의한 그을음병 발생으로 임실, 등숙 및 생육 장애를 가져 온다.
  - 피해 이삭은 이삭목이나 이삭가지에 갈색 반점이 생기며, 벼 알맹이는 변색되어 얼룩진다.
- 방제 : 애멸구의 방제법과 동일하다(간접적인 피해(오갈병)가 큼).

〈 벼멸구 알, 약충, 성충 암컷 및 수컷 〉

〈 벼멸구 피해포장, 가해하고 있는 상황 〉

(7) 벼멸구(매미목: 멸구과)

- 영명 및 학명 : Brown planthopper, *Nilaparvata lugens* Stal
- 형태 : 성충은 날개가 긴 것(장시형)과 짧은 것(단시형)이 있다.
  - 몸과 머리는 암갈색이고, 날개는 반투명한 갈색으로 광택을 띤다.
- 생태: 중국 남부지방에서 성충이 날아오는 비래해충이다.
  - 주 비래시기는 6월 하순부터 7월 하순이다.
- 피해 : 성충과 약충이 볏대의 즙액(체관부 흡즙)을 빨아 피해를 준다.
  - 피해를 받으면 생육이 위축되고 심하면 말라 죽는다.
  - 벼멸구 피해로 고사시기가 빠를수록 천립중이 가볍고, 수량이 감소
- 방제: 매년 비래시기, 비래량 등을 정확히 파악하는게 중요.
  - 보통 1차 방제시기는 7월 하순~8월 상순이다.
  - 2차 방제가 필요한 시기는 8월 중순~8월 하순이다.

〈 흰등멸구 성충 장시형 및 가해하고 있는 상태 〉　　〈 배설물에 의한 그을음병 발생 벼 〉

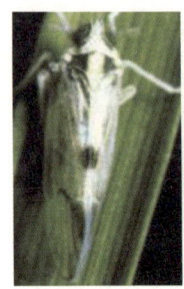

(8) 흰등멸구(매미목: 멸구과)

- **영명** : hite-backed rice planthopper,
- **학명** : *Sogatella furcifera* Horvath
- **형태** : 성충의 몸길이는 장시형 4.0~4.5㎜, 단시형 2.5㎜ 정도이다.
  - 성충의 몸은 담황색이고, 약충은 유백색 또는 흑갈색이다
- **생태** : 벼멸구와 같이 매년 중국 남부로부터 비래해온다.
  - 비래 후 3~4세대를 증식하는데, 1세대의 유충이 가장 밀도가 높다.
  - 질소성분이 많은 벼를 선호하는 경향이 있다.
- **피해** : 약충과 성충이 주사침 같은 구침(口針)으로 벼의 즙액을 흡즙
  - 피해부위는 황갈, 흑갈색, 이삭은 갈색으로 변하며 싸라기가 증가
- **방제** : 흰등멸구의 날아오는 시기는 벼멸구와 비슷함
  - 벼멸구 1차 방제적기인 7월 하순~8월 상순 사이에 방제한다.
  - ※ 흰등멸구의 7월 하순~8월 상순 방제에 필요한 밀도는 20주당 100 마리 이상임

〈 흑명나방 유충, 성충 및 피해 받은 벼 〉

(영남농업연구소)

(9) 흑명나방 유충, 성충 및 피해 받은 벼

• 영명 및 학명 : Rice leaf folder, *Cnaphalocrocis medinalis* Guenee

• 형태

- 유충은 중령기까지는 녹청색이나 점차 연한 노랑색을 띤다.

- 성충은 황갈색 나방으로 몸길이는 10mm 정도이다.

• 생태

- 6월 중하순부터 7월 중하순에 걸쳐 중국으로부터 날아온다.

- 성충 발생 최성기는 7월 하순~8월 상순, 9월 상순~9월 중순이다.

• 피해

- 유충이 벼 잎을 세로로 말고, 그 속에서 잎을 갉아먹는다.

- 흑명나방 유충의 피해를 받은 잎은 표피만 남고 백색이 된다.

- 질소시비량이 많고, 늦게 이앙한 논에서 발생량이 많다.

- 피해가 심할 때는 출수가 불량해지고, 등숙이 늦어지며, 감수된다.

• 방제

- 흑명나방 방제는 어린유충(1~3령)을 대상으로 하는 것이 효과적이다.

- 8월 상순~중순 1세대 성충에서 부화한 유충을 대상으로 7~10일 간격으로 2회 방제한다.

〈 이화명나방 유충, 성충, 번데기 및 피해 받은 벼 〉

(10) 이화명나방(나비목: 명나방과)

- 영명 및 학명 : Rice stem borer, *Chilo suppressalis* Walker
- 형태
  - 날개 색깔은 황회백색이며, 앞날개 바깥 가장자리에 7개의 검은색 점이 있다.
  - 번데기는 길이 13mm 정도로서 짚 속의 얇은 고치 안에 있다.
- 생태
  - 월동세대 성충은 5월 중순~7월 상순에 발생, 최성기는 6월 상순
  - 제2세대 성충은 7월 하순~8월 상순에 발생, 최성기는 8월 상순
- 피해
  - 제1세대 부화 유충에 가해를 받은 벼줄기는 황갈색으로 변하여 고사
  - 제2세대 유충에 가해를 받은 벼는 이삭 팬 후 이삭줄기 전체가 하얗게 말라 죽는다.
- 방제
  - 방제적기는 1화기는 6월 중순경, 2화기는 8월 중순경이다.
  - 1화기 방제는 벼물바구미 등과 동시방제하는것이 좋다.

〈 멸강나방 유충, 성충 및 피해 받은 벼 〉

(11) 멸강나방 유충, 성충 및 피해 받은 벼

- **영명 및 학명** : Rice armyworm, *Mythimna separata* Walker
- **형태**
  - 성충은 담갈색이고 앞날개 중앙에 황백색의 무늬가 1개 있다.
  - 유충은 머리는 황갈색이며, 갈색의 八자 무늬가 있다.
- **생태**: 중국에서 날아오는 해충으로 연간 1~2회 발생한다.
  - 제1회 성충은 5월 하순~6월 상순, 제2회 성충은 7월 중순에 출현
  - 날아온 성충은 당류를 흡즙하여 약 700개 정도 산란한다.
- **피해**
  - 부화한 유충은 1~5일 동안 벼의 잎 조직을 갉아 먹는다.
  - 피해를 받은 작물은 수일 내에 줄기만 남는다.
- **방제**
  - 주로 날아오는 시기인 5월 중순~6월 상순보다 15~19일 이후인 6월 상순~6월 하순(2~3령 유충기)에 방제하는 것이 효과적이다.
    ※ 4~5령부터는 약제방제 효율이 떨어지므로 조기 방제가 중요
  - 농작물로 무리지어 이동하므로 이동할 때 터널을 설치, 차단 및 유인하여 눌러 죽이거나 약제를 처리하여 방제한다.

〈 벼애나방 유충, 성충, 번데기 및 피해 받은 벼 〉

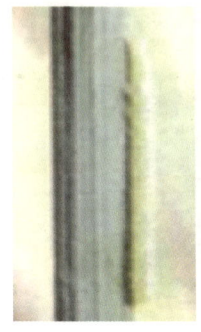

(12) 벼애나방(나비목: 밤나방과)

- 영명 및 학명 : Rice green caterpillar, *Naranga aenescens* Moore
- 형태
  - 성충 앞날개는 진한 황색이고, 뒷날개는 암갈색에 연모는 담황색.
  - 월동세대에서는 비스듬한 무늬가 암갈색으로 나타난다.
  - 다 자란 유충은 길이 20~25mm에 담녹색을 띤다.
- 생태
  - 연 2~4회 발생하고, 번데기 상태로 잎집이나 볏대 사이에서 월동한다.
  - 성충은 5월 중순~8월 중순에 발생하며, 한 마리가 300~400개 산란
- 피해
  - 부화 후 1~2령 유충은 잎 조직을 군데군데 먹으므로 피해 잎은 그물 모양이 된다.
  - 3~5령 유충은 잎을 가장자리부터 통째로 식해한다.
  - 피해는 제2화기인 못자리 말기와 본답 초기에 가장 심하다.
- 방제 : 유충 피해가 발견되면 적용 약제를 살포한다.

〈 벼밤나방 유충, 성충 및 피해 받은 줄기 및 이삭 〉

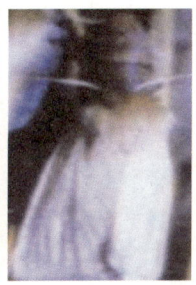

(13) 벼밤나방

- **영명 및 학명** : Purplish stem borer, *Sesamia inferens* Walker
- **형태**
  - 몸은 담갈색을 띤 흰색으로, 비교적 통통하다.
  - 다 자란 유충은 몸은 담황백색, 머리는 홍갈색이다.
- **생태** : 연 2~3회 발생하는 것으로 추정된다.
  - 4월 하순부터 번데기가 되고, 5월 중순부터 성충이 출현한다.
  - 1화기는 5~6월 중순, 2화기는 7월 중순~8월 상순, 3화기는 8월 중순~9월 상순이다.
- **피해**
  - 1화기 유충은 잎집을 가해하고, 피해 줄기는 갈색으로 변색한다.
  - 2화기에 피해를 받으면 흰 이삭(백수)현상이 나타나는데, 침입한 구멍을 통해 배설물을 밖으로 내면서 가해하는 경우가 많다.
- **예찰**
  - 성충 발생은 유인 등에 유인되는 밀도로 조사할 수 있다.
  - 1화기 발생은 갈색으로 변색된 줄기로, 2화기는 하얀 이삭을 보고 확인
- **방제** : 이화명나방에 준하여 방제한다.

〈 줄점팔랑나비 알, 유충, 성충 및 피해 받은 벼 〉

(14) 줄점팔랑나비(나비목: 팔랑나비과)

- **영명 및 학명** : Rice leaf-tire/Rice skipper, *Parnara guttata* (Bremer et Grey)
- **형태**
  - 날개의 윗면은 흑갈색을 띠고, 흰색의 작은 점무늬가 7~8개 있다.
  - 날개의 아랫면은 윗편에 비해 색상이 옅으며, 황색 인편으로 덮여있다.
  - 부화 유충은 유백색을 띠고, 다 자라면, 옅은 녹색을 띤다.
- **생태**
  - 성충은 5~10월에 걸쳐 연 2~3회 발생한다.
  - 월동은 남부지방에서는 애벌레로 지낸다.
  - 충북지방의 경우, 월동 성충은 6월 중순경, 제1세대 성충은 7월 하순, 제2세대 성충은 8월 하순에 출현하는 것으로 보고되었다.
- **피해**
  - 유충은 거미줄을 내어 벼 잎을 말고 그 속에서 잎을 가해하는데, 벼 잎의 가운데 잎맥만 남겨두고 가장자리부터 먹어 들어간다.
  - 유묘가 가해를 받을 경우는 피해가 치명적이다.
- **예찰** : 유인등에 모여 죽은 성충밀도 조사와 피해잎을 확인한다.
- **방제** : 유충이 관찰되거나, 피해증상이 나타나면 적용약제를 살포한다.

〈 먹노린재 약충, 성충, 흡즙 및 가해 받은 벼 〉

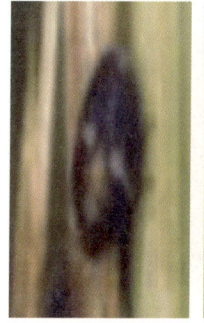

(15) 먹노린재(노린재목: 노린재과)

- **영명 및 학명** : Black rice bug, *Scotinophara lurida* Burmeister
- **형태** : 성충의 몸길이는 8~10mm 정도이고, 몸 전체가 검은색이다.
  - 몸의 아래 면과 다리는 검은색이나, 발목마디는 갈색을 띤다.
  - 알은 0.9mm 정도의 회백색 구형이고, 약충은 적갈색~회갈색을 띤다.
- **생태** : 성충의 형태로 잡초 속에서 월동하여 6월 상순부터 논으로 이동
  - 월동 성충의 발생 최성기는 6월 하순~7월 상순, 8월 상순까지 발생
  - 약충은 7월 중순경부터 발생하기 시작하여 9월 하순까지 발생
- **피해** : 성충과 약충 모두 벼의 줄기에 침을 박고 흡즙한다.
  - 흡즙 부위는 퇴색하고, 흡접 부위에서 자란 잎은 윗부분이 마르고, 심한 피해를 받은 잎은 말라 죽는다.
  - 출수 전후에 피해를 받으면 이삭이 꼿꼿이 서서 말라 죽는다.
  - 이삭을 흡즙할 경우는 반점미를 발생시키기도 한다.
- **방제**
  - 발생초기에 등록되어 있는 적용약제를 살포한다.
  - 방제적기는 월동성충 이동이 활발한 6월 하순~7월 상순이다.

〈 벼잎선충 피해 잎 및 피해 포장 〉

(16) 벼잎선충

- 영명 : Rice white tip nematode
- 학명 : *Aphelenchoides besseyi* Christie
- 형태 : 체장 0.5~0.9mm, 체폭은17~22㎛ 정도로 가늘고 길다.
- 생태 : 벼종자나 왕겨에 붙어서 월동하여 다음 해에 전파원이 된다.
  - 월동한 선충은 발아 직후에 자엽 또는 제1엽으로 침입
  - 이삭이 배는 시기(수잉기)에는 최상위 잎(지엽)과 이삭에 분포하며, 이삭 속에서 증식하고, 이삭 팬 후에는 벼알 속으로 들어간다.
  - 건조한 상태에서는 벼 알 속에서 2~3년간 생존이 가능하다.
- 피해 : 벼잎의 선단부가 꼬부라져 고사되어 흰색으로 변하면서 죽는다.
  - 피해잎은 길이가 짧아지고, 잎면적이 감소 됨으로 동화량 감소 등 기능 저하로 등숙이 불량해지고 벼알이 작아진다.
  - 벼 알속에서 증식하므로 흑점미를 유발시켜 품질을 저하시킨다.
- 방제 : 감염종자가 전염원이므로 건전한 종자를 사용하는 것이 중요.
  - 파종 전 종자소독용 살균제와 살충제의 혼합액에 24시간 침지.
    ※ 종자 소독 시 물의 온도는 20~25℃가 되도록 유지한다.
  - 이앙 후 약제처리는 이앙 후 7~10일경이 가장 좋다.

제14장

수확 및
수확 후 관리

〈 벼의 수확작업 〉

수확적기

콤바인 수확작업 I

콤바인 수확작업 II

콤바인 수확작업 및 운반

1. 수확 및 운반작업

벼의 알맞은 수확시기는 90%이상 벼알이 익었을 때이다. 이 때 현미의 수분 함량이 22~26%이다. 벼 이삭이 40~50% 패는 시기(출수기)부터 수확까지 의 일수는 일평균 적산온도에 의하여 결정되는데, 수확적기는 등숙에 필요한 적산온도가 800~1,100℃(출수 후 45일경)되는 시기이다. 수확시기가 너무 빠르면 미숙립, 청미(푸른쌀)가 많아지고 콤바인 탈곡 시 쌀알이 깨지기 쉽 다. 반면 수확시기가 늦어지면 이삭의 목, 이삭의 가지가 부러지거나 수확작 업 시 콤바인 등의 마찰로 인한 탈립으로 손실이 많아지고 동할미가 많아진 다. 수확방법은 콤바인을 이용하며 아침이슬이 마른 10시 이후에 하는 것이 볏짚이 걸리지 않고 작업효율이 높다. 수확한 벼는 트럭이나 트레일러를 이 용하여 건조기로 이동, 운반한다.

〈 벼 운반 및 미곡종합처리장(RPC) 〉

벼 운반, 건조, 저장, 도정, 포장, 유통 현대화 시설(경기 이천)

2. 건조 및 저장

운반한 벼(정조)는 저장, 도정(벼알→현미→쌀알), 포장, 유통을 위하여 수분함량을 15% 정도로 건조하여야 한다. 건조방법은 기계식 건조(순환식 건조기, 상온통풍식 건조기), 태양빛을 이용한 천일건조 등이 있다. 주로 대량으로 처리하는 벼는 미곡종합처리장(RPC, rice processing complex) 또는 건조종합처리장(DSC, dry storage complex)에서 처리·저장을 한다. 일반적으로 천일건조를 하면 수분함량이 7~16%로 차이가 많아지지만 기계식 건조는 일정한 온도에서 순환식 또는 환풍식 건조로 24시간 내외 균일한 건조가 이루어진다. 벼의 건조온도는 소비용으로는 50℃ 이하가 알맞고 종자용으로는 40℃이하가 알맞다. 지나친 고온건조는 금이 간 쌀의 증가, 발아율 감소, 단백질 및 전분 등의 변성에 의한 밥맛(식미) 저하를 가져온다.

〈 벼의 도정 및 선별공정 모습 〉

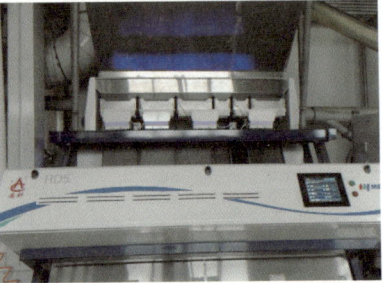

벼의 현미와 쌀알 만드는 공정(색체선별기이용)

3. 도정

건조, 저장된 벼는 색체선별장치 등 첨단도정·선발 시설을 거쳐 고품질쌀로 만들어져 규격포장에 담아 소비자에게 유통되고 있다. 쌀의 도정은 벼알에서 제현(현미 만드는) 공정→조질(품질분류) 공정→정미(쌀알 만드는) 공성→연미(겉 부위를 깎는) 공정→최종 선별(완전한 쌀알, 완전미) 공정 등으로 이루어진다. 제현공정에서 쌀알의 금(동할미)이 가거나 표면 손상이 일어나고 정미공정에서 지난 친 높은 온도에 의해 동할미가 발생하게 된다. 하지만 벼 수분함량이 14%이하로 지나치게 건조된 벼는 도정 시 전력소비 증가, 금이 간 쌀의 발생이 많아 도정수율이 떨어지게 된다. 따라서 지나치게 건조된 벼는 제현공정을 거친 후 알맞은 수분을 흡수하게 하여 함수율을 적정 수준으로 높여 주는 것이 좋다. 선별공정은 최근 색체선별기를 적용하여 완전미(head rice)를 선별하는 시스템으로 되어있다.

〈 쌀의 포장단위 변천 〉

4. 포장

쌀 포장(담는 포대)은 과거에는 볏짚으로 만든 가마니를 사용하거나 천 연섬유로 만든 마대에 40kg, 80kg 단위로 포장하여 유통판매하였으나 최근 에는 pp(poly propylene), pe(polyethylene film), 지대(종이 또는 특수 종이, 포장지), 금속코팅 재료(알루미늄, 니켈, 크롬 등), 플라스틱 등을 이 용한 포장지 등이 사용되고 있다. 특히 플라스틱 포장은 종이류 포장에 비 하여 유통 및 소비기간 중 수분함량이 떨어지는 것을 방지하는 효과는 있으 나 저장성분의 변화(산패)를 촉진시키는 단점이 있다. 따라서 이산화탄소 (CO_2)나 질소(N_2)가스를 충진하는 방법도 있다. 최근 포장단위는 운반, 저 장, 소비, 밥맛 유지를 위하여 소포장(1, 2, 3, 5, 10, 20kg)이 주를 이루고 있다.

[참고문헌]

- 경기농업마이스터대학. 2012. 벼 생력재배 이론과 실제. The growing rice plant · An Anatomical Monograph(번역). p. 312.
- 고현관 · 구연충 · 박광호 등. 1995. 벼의 생리와 생태. 향문사. p. 177–178.
- 국립식량과학원. 2015. 벼 무논직파 재배기술 매뉴얼(무논점파 중심). p. 72.
- 국립식량과학원. 2010. 직파재배 쌀 생산기술. p. 65.
- 김길웅, 신동현. 2007. 최신 잡초방제학 원론. 경북대학교출판부. p. 31.
- 김이열 등. 1984. 농기연시험연구보고서. p. 158–162.
- 김장규, 박광호(옮김, 야마우찌 집필). 2009. 철분코팅 벼 담수산파(매뉴얼 2008). p. 41.
- 김종훈 · 최해춘. 1982. 농사시험연구총설. p. 22–37.
- 김홍렬 등. 2007. 벼 생태형별 저장기간에 따른 종자 발아율 및 이화학적 특성변화. 한작지 52(4):375–379.
- 농업과학기술원. 2003. 작물생리의 이해와 활용. p. 193.
- 농업과학기술원. 2005. 식량작물 병해충 잡초 진단과 방제. 농경과 원예. p. 36–79, 153–190, 272–296.
- 농촌진흥청. 1993. 수도작의 원리. p. 324.
- 농촌진흥청. 1994. '93 이상기상과 작물피해실태 종합보고서. p. 7–8, 20–23.
- 농촌진흥청. 1997. 벼 병해충 방제 총람. P. 158, 161.
- 농촌진흥청. 1999. 벼재배 · 농업기상재해(벼농사 잡초 방제기술). P. 224.
- 농촌진흥청. 2000. 벼 생력재배(표준영농교본-76). p. 209–214.
- 농촌진흥청. 2006. 쌀 품질 고급화 기술(표준영농교본-157). p. 293, 297, 302.
- 농촌진흥청. 2007. 알기 쉬운 농업용어. p. 95.
- 농촌진흥청. 2009. 벼 기상재해 대책 기술. p. 7–110.
- 농촌진흥청. 2009. 벼 직파. p. 153.
- 농촌진흥청. 2010. 찰벼 재배 매뉴얼(잡초관리). p. 70, 72, 74–97.
- 농촌진흥청. 2013. 건강한 모 기르기와 올바른 키다리병 방제(증보). p. 114.
- 농촌진흥청. 2013. 쌀 품질 고급화기술. p. 10–24, 28–33, 370–425.
- 농촌진흥청. 2015. 쌀 품질 고급화기술. p. 451.
- 대산농촌문화상수상자회 · (사)한국농업경영포럼. 2014. 벼 직파재배 및 이모작 영농기술 현장 컨설팅 제 2차년도 사업보고서. p. 98.
- 대산농촌문화상수상자회 · (사)한국농업경영포럼. 2014. 신기술 이용 벼 직파재배 및 이모작 영농기술 현장 컨설팅. p. 105.
- 박광호. 2007. 벼 복토직파 표준재배법. 삼성엘리트인쇄(주). p.252.
- 박광호 등. 2014. 벼 재배공학. 향문사. p. 294.
- 박광호, 박성태, 신용광, 안수경 등. 2016. 실증과제 연구기관 2년차 중간진도 발표자료(최적 벼 직파재배 모델Ⅰ). 주요곡물 · 조사료 자급률제고사업단. p. 229.
- 박성태, 문병철 등. 1999. 실용 벼 직파재배 기술. 농촌진흥청 영남농업시험장. p. 181–211.
- 박성태. 2001. 실용 벼 직파재배기술. 농촌진흥청 영남농업시험장. p. 340.

- 박성태 등. 2010. 핵심 벼 직파재배 기술. 식량과학원. p. 57, 88-90, 111.
- 박순직 · 이종훈. 2004. 벼(稻)와 쌀(米). p. 355.
- 박호기 등. 1982. 호남작물시험장 연구보고서. p. 1047-1055.
- 성락춘 · 이호진 (역), 1997. 작물생리학. 고려대학교 출판부. p. 505.
- 손지영 등. 2014. 벼 수발아가 종자 활력, 발아율 및 입모율에 미치는 영향. 한작지 59(4):427-434.
- 영남농업시험장. 1998. 벼 재배연구 30년사. p. 280.
- 오성환, 최경진, 김상열 등. 2015. 재배환경에 따른 유색미의 기능성물질 및 항산화활성 변이. 한작지. 60(2):153-166.
- 유승현. 2015. 한국직파농업협회 정기총회자료(특강). P. 26-57.
- 윤병성 · 박광호(시바타 요시히코 저, 옮김). 2010. 저비용 · 고품질 · 다수확을 목표로 하는 측조시비 벼농사의 실제. p. 165.
- 이은웅. 1997. (사정)수도작. 향문사. p. 104-108.
- 이정일. 2000. 작물시험장 시험연구보고서(수도편). p. 495-504.
- 작물시험장. 1992. 벼 어린모 기계이앙 재배기술. p. 284.
- 작물시험장. 1995. 한 · 일 벼 직파재배 세미나. p. 272.
- 작물시험장. 1997. 벼의 생장. p. 317.
- 정남진. 2000. 한국에서 발견된 광발아 잡초성벼의 발아특성 및 유전적 배경. 서울대학교 박사학위 논문.
- 정남진 · 백남천. 2003. Photoblastism and ecophysiology of seed germination in weedy rice. Agron. J. 95:184-190.
- 조동삼 등. 1995. 벼의 생리와 생태. p. 357.
- 조재영 · 이은웅. 1999. 향문사. (개정)재배학범론. 향문사. p. 153-161, 172-180.
- 주요곡물 · 조사료 자급률제고사업단. 2015. 주요곡물 · 조사료 자급률 제고방안. p. 226.
- 竹松哲夫. 1982. 제초제연구총람. 박우사(일본). 제1판 제1쇄. pp. 23-27.
- 채범석 (역). 1987. Lehninger 생화학. 도서출판 아카데미. p. 1098.
- 채제천. 2006. 쌀 생산과학. 향문사. p. 346.
- 채재천 · 박순직 · 강병화 · 김석현. 2006. (삼고)재배학원론. 향문사. p. 123-132, 137-139, 150-157.
- 최경진 등. 2012. 등숙기 온도변이가 중만생종 벼의 쌀 품질과 식미에 미치는 영향. 한작지. 56(4):404-412.
- 최경진 등. 2013. 규산과 질소형태별 처리에 따른 벼의 수분 및 질소흡수와 이용효율 비교. 한작지. 58(3): 220-225.
- 최경진, 오성환, 김상열 등. 2015. 최고품질 벼 '칠보'의 지대별 최적 수확시기. 한국제농지. 27(4): 469-474.
- 최경진 · 이정일 · 정남진 · 양원하 · 김제규. 2013. 규산과 질소형태별 처리에 따른 벼의 수분 및 질소흡수와 이용효율 비교. 한작지. 58(3): 220-225.

- 한국농수산대학. 2010. 저비용 · 고품질 · 다수확을 목표로 하는 측조시비 벼농사의 실제. (시바타 요시히코 저, 윤병성 · 박광호 옮김) p. 165.
- 한국농수산대학. 2009. 철분코팅 벼 담수산파(매뉴얼 2008). 야마우찌 집필. 김장규. 박광호 옮김. p. 41.
- 한국농수산대학. 2009. 최신 벼 직파재배기술. p. 263.
- 한국농수산대학. 2010. 저비용 고품질 친환경 벼 직파 신기술. p. 90.
- 한국농수산대학. 2010. 핵심 벼 직파재배기술. p. 201.
- 한국농수산대학. 2015. 유기농쌀생산기술. -Seed bank zero-. p. 84.
- 한국쌀연구회. 2010. 벼와 쌀. p. 60–83, 450–474, 565–567, 613–633, 861–903, 1067
- 호남농업시험장. 1996. 벼의 기상재해와 대책.
- Bhagirath Singh Chanhan. 2013. Management strategies for weedy rice in Asia. p.16.
- Bienvenido O. Juliano. 1985. Rice: chemistry and technology. The American Association of Cereal Chemists, Inc. St. Paul, Minesota, USA. p. 774.
- Cock JH · Yoshida S. 1972. Accumulation of 14C–labelled carbohydrate before flowering and the subsequent redistribution and respiration in the rice plant. In Proc. Crop Sci. Soc. Japan 41:226–234.
- Hoshikawa K. 1989. The growing rice plant. An anatomical monograph. p.310.
- IRRI. 1991. Direct seeded flooded rice in the tropics. p. 117.
- Khush. S. Gurdev. 2001. Green revolution: the way forward. Nature Reviews Genetics 2: 815–822.
- M.H. Heu and H.P. Moon. 2010. History of rice culture in Korea: The origin, antiquity and diffusion. Rice origin, antiquity and history. (ed) by S.D. Sharma, CRC Press: 115–153.
- Satake & Yoshida. 1978. Japan J. of Crop Sci. 47:6–17.
- Surajit.K. DeDatta. 1981. Principles and practices of rice production. John wiley&Sons. Inc. p. 618.
- Yang WH et al. 2013. Re–examination of standard cultivation practices of rice in response to climate change in Korea. J. Crop Sci. Biotech. 16(2):85–92.
- Yoshida Shouichi. 1981. Fundamentals of rice crop science. International Rice Research Institute. p. 269.
- Yun MH et al. 2008. Germination and seedling growth affected by seed specific gravity. Korean J. Crop Sci. 53(4):434–439.

[찾아보기]

대한민국 으뜸 농사기술서

벼

1판 1쇄 발행일 2016년 9월 7일
1판 3쇄 발행일 2022년 9월 5일

공　　저 박광호 박성태 양운호 최경진
펴낸이 하승봉

펴 낸 곳 (사)농민신문사
출판등록 제25100-2017-000077호
주　　소 서울시 서대문구 독립문로 59
홈페이지 http://www.nongmin.com
전화 02-3703-6136
팩스 02-3703-6213

디자인&인쇄 지오커뮤니케이션